测绘行业职业教育工学结合一体化规划教材

测量平差

主　编　张予东
主　审　范百兴

黄河水利出版社
·郑州·

内容提要

本书注重基本数学知识的补充和对测量误差、精度、误差传播、平差过程等基本概念的讲述，介绍了利用 Excel 和 Nasew 平差软件进行数据处理的全过程，附有详细解算步骤和图表，能够让学生在理解测量误差基本理论的基础上，利用平差软件解决实际生产中的工程控制网平差处理问题。

本书可作为测绘类高、中等职业院校和非测绘类高等职业学校测绘专业学生的专业课教材，也可供相关工程技术人员参考。

图书在版编目(CIP)数据

测量平差/张予东主编.—郑州：黄河水利出版社，2015.7 (2020.8 重印)

ISBN 978-7-5509-0819-2

Ⅰ.①测… Ⅱ.①张… Ⅲ.①测量平差-职业教育-教材 Ⅳ.①P207

中国版本图书馆 CIP 数据核字(2014)第 129702 号

出 版 社：黄河水利出版社　　网址：www.yrcp.com

地址：河南省郑州市顺河路黄委会综合楼 14 层　　邮政编码：450003

发行单位：黄河水利出版社

发行部电话：0371-66026940、66020550、66028024、66022620(传真)

E-mail：hhslcbs@126.com

承印单位：郑州豫兴印刷有限公司

开本：787 mm×1 092 mm　1/16

印张：9

字数：220 千字

版次：2015 年 7 月第 1 版　　印次：2020 年 8 月第 2 次印刷

定价：25.00 元

前　言

本书是根据职业院校工程测量专业教学标准,以及测绘地理信息企事业单位的生产情况,采用基于工作过程的项目引领、任务驱动的思路,与黄河勘测规划设计有限公司的行业专家组成教材开发团队完成编写的,可作为高、中等职业院校工程测量专业的专业课教材,也可供相关专业的社会学习者参考。

本书打破传统的学科体系教材编写,力求深入浅出、通俗易懂,尽量做到重点突出,循序渐进。在内容的编排上注意到职业学校学生的特点,抛弃了原来教材的纯理论讲解,增加了数据处理的新手段。为了做到理论联系实际,与生产不脱节,本书介绍了利用 Excel、Nasew 软件进行数据处理的全过程,突出了测绘类高职高专院校及中职学校注重实际操作能力的培养特点,具有很强的实用性、指导性和可借鉴性。

本书由郑州测绘学校张予东主编。具体编写分工如下:第一章、第二章由郑州测绘学校马晓云编写;第三章由郑州测绘学校郭红霞编写;第四章、第五章由张予东编写,本书涉及实践应用部分均由黄河勘测规划设计有限公司丁文昌高级工程师参与编写。全书由张予东负责统稿。

本书由解放军信息工程大学范百兴副教授审稿。

本书在编写过程中参考阅读了大量的文献,引用了同类书籍中的部分内容,同时,听取了许多老师及行业专家的宝贵意见,得到了郑州测绘学校教务处薛雁明及郑州测绘学校大地工测教学部王军德的许多指导,在此一并表示感谢。

由于编者水平有限,书中难免存在诸多不足与不妥之处,敬请读者批评指正。

编　者

2015 年 1 月

目　录

第一章　绪　论

第一节　观测误差

在测量工作中,由于受测量过程中客观存在的各种因素影响,一切测量结果都不可避免地带有误差。例如,观测一个平面三角形的三个内角,通过仪器观测就会发现其观测值之和往往不等于180°,而且在重复观测的情况下,我们发现每次测量结果会有不同。那么,这种在同一个量的各观测值之间,或在各观测值与其理论上的应有值之间存在差异的现象,说明了误差的存在。测量实践表明,在一定的观测条件下,测量所得数据中必然包含有误差。尽管随着科学技术的不断发展,人们能够把误差控制得愈来愈小,但却不能消除它们。为什么会产生这种差异呢?

一、误差来源

观测误差产生的原因很多,概括起来有以下三个方面。

(一)测量仪器

所谓测量仪器,这里是指采集数据所采用的任何工具和手段。由于每一种仪器只具有一定限度的准确度,因此观测所得的数据必然带有误差。例如,用只刻有厘米分划的普通水准尺进行水准测量时,就难以保证在估读厘米以下的尾数时正确无误。同时,仪器本身也有一定的误差,如水准仪的视准轴不平行于水准轴、水准标尺底部磨损等。另外,在地图数字化中采用的数字化仪或扫描仪,以及使用自动化精密仪器(如全站仪、GPS 接收机等)所采集的数据也都存在着仪器误差。由此可见,制造工艺的局限,以及使用过程中的磨损都使得观测成果产生误差。

(二)观测者

由于观测者的感觉器官的鉴别能力有一定的局限性,所以在仪器的操作过程中也会产生误差。同时,观测者的技术水平和工作状态,也是对观测数据质量有直接影响的重要因素。

(三)外界条件

测量时所处的外界条件,如温度、湿度、风力、大气折光等因素和变化都会对观测数据直接产生影响。特别是高精度测量,更要重视外界条件产生的观测误差。例如,GPS 接收机所接收的是来自 2 万 km 高空的卫星信号,经过电离层、大气层都会发生信号延迟而产生误差。

上述测量仪器、观测者、外界条件三个方面的因素是引起误差的主要来源,因此我们习惯把这三个方面的因素综合起来称为观测条件。不难想象,观测条件的好坏与观测成果的质量有着密切联系。当观测条件好一些时,观测中所产生的误差平均说来就相应地小一些,因而观测成果的质量就会高一些。反之,当观测条件差一些时,观测成果的质量就会低一些。如果观测条件相同,观测成果的质量也就可以说是相同的。所以说,观测成果的质量高低也就客观地反映了观测条件的优劣。

但是,不管观测条件如何,在整个观测过程中,由于受到上述种种因素的影响,观测的结果就会产生这样或那样的误差。从这一意义上来说,在测量中产生误差是不可避免的。当然,在客观条件允许的限度内,测量工作者可以而且必须确保观测成果具有较高的质量。

二、观测误差分类

根据观测误差对测量结果的影响性质,观测误差可分为偶然误差、系统误差和粗差三类。

(一)偶然误差

在相同的观测条件下作一系列的观测,由于观测中各种随机因素的偶然性影响而产生的误差称为偶然误差。偶然误差的出现,就单个看,大小和符号没有规律性,但就大量误差的总体而言,存在一定的统计规律,这种误差也称为随机误差。

例如,仪器没有严格照准目标、估读水准尺上毫米数不准、测量时气候变化对观测数据产生微小变化等都属于偶然误差。此外,如果观测数据的误差是许多微小偶然误差项的总和,则其总和也是偶然误差。例如,测角误差可能是照准误差、读数误差、外界条件变化和仪器本身不完善等多项误差的代数和,因此测角误差实际上是许许多多微小误差项的总和。而每项微小误差又随着偶然因素影响的不断变化,其数值忽大忽小,其符号或正或负,这样,由它们所构成的总和,就其个体而言,无论是数值的大小或符号的正负都是不能事先预知的,这种误差也是偶然误差。所以,观测结果不可避免地包含着偶然误差,并且不可能被消除,只好选择好的观测条件来削弱它。

(二)系统误差

在相同的观测条件下作一系列的观测,如果误差在大小、符号上表现出系统性,或者在观测过程中按一定的规律变化,或者为某一常数,那么,这种误差就称为系统误差。

例如,用具有某一尺长误差的钢尺量距时,由尺长误差引起的距离误差与所测距离的长成正比地增加,距离愈长,所积累的误差也愈大,这种误差属于系统误差。又如,在定点垂直变形测量中,在两固定点间每天重复进行水准测量,就会发现由于温度等外界因素变化而产生以年为周期的周期性误差,这种具有周期性现象的误差是一种规律性系统误差。还有的系统误差对其中部分观测呈规律性影响,而对不同观测群的影响其符号又可正可负,呈现出随机性,从总体上看,这种系统误差属于随机性系统误差,在测量中称半系统误差。此外,在测量实际中,还存在着原因不明的系统误差。

系统误差与偶然误差在观测过程中总是同时产生的,当观测中有显著的系统误差时,偶然误差就处于次要地位,观测误差就呈现出系统的性质;反之,则呈现出偶然的性质。

系统误差对于观测结果的影响一般具有累积的作用,它对成果质量的影响也特别显著。实际工作中,应该采用各种方法来消除或减弱其影响,达到实际上可以忽略不计的程度。所谓忽略不计的程度,是指残余的系统误差小于或至多等于偶然误差的量级。一种方法是通过合理的操作程序,例如,进行水准测量时,使前后视距相等,以消除由视准轴不平行于水准轴对观测高差所引起的系统误差;另一种方法是进行公式改正,例如,对量距用的钢尺预先检定,求出尺长误差大小,对所量的距离进行改正,减弱尺长系统误差对所量距离的影响等。

如果观测列中已经排除了系统误差的影响,或者与偶然误差相比已处于次要地位,则该观测列就可认为是带有偶然误差的观测列。但是,在不少测量实际问题中,系统误差的存在及其对观测结果的影响并不能用上述方法予以排除,而要在数据处理中设法予以消除或减弱其影响。

(三)粗差

粗差即粗大误差,是指比在正常观测条件下所可能出现的最大误差还要大的误差,通俗地说,粗差要比偶然误差大上好几倍。主要是由于作业人员的粗心大意或仪器故障造成的差错,例如观测时大数读错、计算机输入数据错误、航测像片判读错误、控制网起始数据错误等。这种错误或粗差,在一定程度上可以避免。但在使用现今的高新测量技术如全球定位系统(GPS)、地理信息系统(GIS)、遥感(RS)及其他高精度的自动化数据采集中,经常有粗差混入信息之中,识别粗差源并不是用简单方法可以达到目的的,需要通过数据处理方法进行识别和消除其影响。

第二节　偶然误差的概率特性

一、真值、数学期望和真误差

正如在第一节提到过的那样,由于测量条件的不完善使观测结果不可避免地带有误差。不难理解,误差是相对于准确而言的。反映一个量真正大小的准确数值,称为这一个量的真值。通过量测,直接或间接得到的一个量的大小,称为这个量的观测值。观测值与真值之差叫作真误差。

设以 X 表示一个量的真值,L 表示它的某一观测值,Δ 表示真误差,则有

$$\Delta = L - X \tag{1-1}$$

按以上定义,一个量的真值是客观存在的。但是,通过一次或有限次观测,一般都不可能绝对地消除误差,从而获得一个量的真值。所以,真值又常是无法确知的理论值。那么,符合什么样条件的理论数据才是真值呢?依统计学观点,视一个量仅受偶然因素影响的观测值为随机变量,则此观测值的所有可取值的平均值,即观测值的数学期望,就是这个量的真值。若以 $E(L)$ 表示观测值 L 的数学期望,即

$$X = E(L) \tag{1-2}$$

此时,式(1-1)可表示为

$$\Delta = L - E(L) \tag{1-3}$$

由以上定义可以看出,真值通常是无法测知的,自然,真误差也无法获得。但是在一些情况下,有可能预知由观测值构成的某一函数的理论真值。例如:以 L_1、L_2、L_3 表示平面三角形三内角的观测值,三内角和的理论真值为 180°,若以 ω 表示三内角和的真误

差——三角形闭合差,由式(1-1)得

$$\omega = L_1 + L_2 + L_3 - 180° \tag{1-4}$$

因为三角形闭合差的真值为0,仍由式(1-1)得$\Delta=\omega-0=\omega$,故ω也可理解为三角形闭合差的真误差。

又如,当对同一个量观测两次,设观测值为L_1及L_2,该量真值为X,且以d表示两次观测的差值之差,由式(1-1)求得

$$d = (L_1 - X) - (L_2 - X) = L_1 - L_2 \tag{1-5}$$

由此可见,两次观测值的差值d就是差值的真误差。差值d又称较差。

二、偶然误差的统计规律性

前面已指出,偶然误差是由无数偶然因素影响所致,而每个偶然误差的数值大小和符号正负都是偶然的(或随机的)。然而,反映在单个事物上的偶然性,在大量同类事物的统计分析中却呈现出一定的统计规律性。例如,一个具有一定技术水平的射手进行射击试验,假设仅考虑许多偶然因素的影响,每发射一弹命中靶心的上、下、左、右都有可能,但当射击次数足够多时,弹着点就会呈现出明显的规律性,即越靠近靶心越密,越远离靶心越稀,差不多以靶心为对称点。偶然误差具有与之类似的规律性。为寻求偶然误差的规律性,下面通过测量实例来说明。

某测区在相同测量条件下,独立观测了817个三角形的全部内角,算得各三角形的闭合差。由于作业中已尽量剔除了粗差和系统性影响,这些三角形闭合差,就整体而言,都是偶然因素所致,故为偶然误差。它们的数值分布情况列于表1-1内(等于分界数值的闭合差,统计在数值小的区间中)。

表1-1 三角形闭合差分布统计

误差区间	Δ为负值		Δ为正值		总数
	个数	w	个数	w	
0.00″~0.50″	121	0.15	123	0.15	244
0.50″~1.00″	90	0.11	104	0.13	194
1.00″~1.50″	78	0.10	75	0.09	153
1.50″~2.00″	51	0.06	55	0.07	106
2.00″~2.50″	39	0.05	27	0.03	66
2.50″~3.00″	15	0.02	20	0.02	35
3.00″~3.50″	9	0.01	10	0.01	19
3.50″~∞	0	0.00	0	0.00	0
Σ	403		414		817

表中w栏表示误差出现在相应区间的频率,它等于出现在该区间的误差个数与总的误差个数之比。

考察这一统计表,不难发现如下的规律:闭合差数值上不会超出一定界限;绝对值小的闭合差比绝对值大的闭合差要多;绝对值相等的正负闭合差个数大致相等。

上述情况,不仅表现于这个例子里,在大量的测量结果中,偶然误差都有与此完全一致的规律性。为了对偶然误差的分布情况有更直观的了解,还可用直方图来表示误差分布情况。以误差区间的值(0.5)作为横坐标,w 除以区间间隔(此处为0.5)之商作为纵坐标,根据表中的值就可绘制出如图1-1所示的直方图。根据直方图上长方形的高矮及图形的对称性等特点,可直观地看出偶然误差的统计规律性。

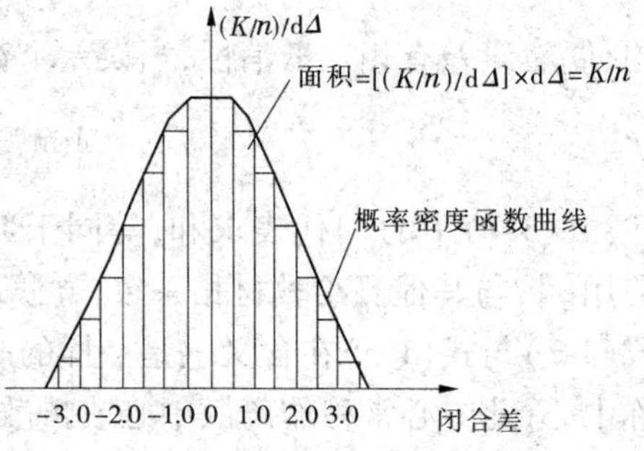

图1-1　偶然误差分布直方图

实际上误差的取值是连续的,当设想误差个数无限增多,所取区间间隔无限缩小时,则图1-1的直方图中各长方形上底的极限将形成一条连续曲线,设以 $f(\Delta)$ 表示,则得如图1-1所示的光滑曲线。图中的曲线称为偶然误差的概率密度函数曲线。这一曲线与正态分布密度曲线极为接近,所以一般总是认为,当 $n\rightarrow\infty$ 时,偶然误差的频率分布是以正态分布为其极限的。

通过上面的分析讨论,可用概率的术语将偶然误差的规律性阐述如下:

(1)界限性:在一定的测量条件下,偶然误差的数值不超过一定限值,或者说超出一定限值的误差出现的概率为零。

(2)聚中性:绝对值小的误差比绝对值大的误差出现的概率大。

(3)对称性:绝对值相等的正负误差出现的概率相同。

这就是偶然误差的三个概率特性,或简称偶然误差三特性。这三特性可简要概括为:界限性、聚中性及对称性,它们充分揭示了表面上似乎并无规律性的偶然误差的内在规律。掌握这一规律并加以运用是很重要的。而由概率密度函数曲线可以体现出偶然误差的三个概率特性,如图1-2所示。两条曲线相比较,峰顶越高、曲线越陡则表示观测条件越好,观测成果质量越高;反之,观测成果质量越差。

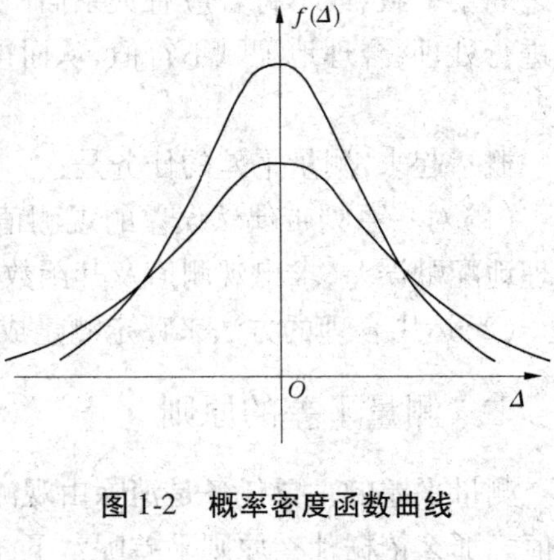

图1-2　概率密度函数曲线

偶然误差的界限性表明,在一定测量条件下,偶然误差的数值是有一定范围的。因此,我们根据测量条件来确定偶然误差出现的界限。显然测量条件愈好,可能出现的最大偶然误差愈小;反之,则愈大。所以,界限性是以后讨论极限误差的理论依据。

偶然误差的聚中性表明,偶然误差愈接近零,其分布愈密,而且易知,对于较好的测量条件这一特性也必相对明显和突出。

偶然误差的对称性表明,正负偶然误差的分布对称于零,故其密度函数必为偶函数,

于是得偶然误差的数学期望

$$E(\Delta)=\int_{-\infty}^{+\infty}\Delta f(\Delta)\mathrm{d}\Delta=0 \tag{1-6}$$

这说明，偶然误差有相互抵消性，当误差个数足够多时，其算术平均值应趋于零，即

$$\lim_{n\to\infty}\frac{[\Delta]}{n}=0 \tag{1-7}$$

注：式(1-7)中的[ ]代表求和，等同于数学公式中的Σ。在以后章节中，所有求和计算均使用[ ]，与其他测绘教材相一致，方便理解。

式(1-7)与式(1-6)在含义上是一样的。由此可知，偶然误差的分布即以其数学期望为对称中心，此中心常称作离散中心或扩散中心。

第三节　测量平差的任务和原则

一、测量平差的任务

由于测量条件的不尽完善，测量误差是客观存在的。为了提高观测成果的质量，同时也为了检查和及时发现观测值中有无错误存在，在实际工作中，通常要使观测值的个数多于未知量的个数，也就是要进行多余观测。所谓多余观测，就是多于必要的观测。例如，三角网中每个三角形只需观测其中两个内角便可解算，但在实际作业时，总是观测三角形的全部内角。又如在一个三角点上只需观测一测回，便可知道各方向值，但实际上总要进行若干测回的重复观测。

由于观测结果不可避免地受到偶然误差的影响，通过多余观测必然会发现在观测结果之间不一致，或不符合应有关系而产生的不符值。于是怎样对这些含偶然误差的观测值进行处理，合理地配赋不符值，从而得到最可靠的结果，这就是测量平差的一个主要任务。

概括起来，测量平差的任务是：

(1)对一系列带偶然误差的观测值，按最小二乘原理，消除各观测值之间的不符值。合理地配赋误差，求出观测值及其函数的最可靠值。

(2)运用合理的方法来评定测量成果的精度。

二、测量平差的原则

测量平差的主要任务是消除由观测误差所引起的不符值，求观测量及其函数的最可靠值。那么依据什么原则平差呢？下面就通过例题简述测量平差遵循的原则。

例如：在一个三角形中观测了 A、B、C 三个内角，得观测值 $L_1=45°17'22''$，$L_2=79°34'54''$，$L_3=55°07'38''$，由于观测中不可避免地存在误差，三角形三个内角之和，与其理论值之间存在不符值：$\omega=L_1+L_2+L_3-180°=-6''$。显然，为了消除观测值之间的不符值，各观测值上应分别加上一个改正数 $v_i(i=1,2,3)$，使得改正后的结果之和，与其应有值之间不再存在不符值，即达到

$$(L_1 + v_1) + (L_2 + v_2) + (L_3 + v_3) - 180° = 0 \tag{1-8}$$

若仅仅为了配赋闭合差,对 v_i 分别取 +2″、+2″、+2″或 +3″、+2″、+1″等;任意取其一组,都能达到这一目的。这就产生一个问题,即随着每一组改正数的不同,观测值的平差值也不同,而我们只需要一组,取哪一组最为合理呢?解决这类问题时,依据的原则就是最小二乘原理。

设 $L_1,L_2,\cdots,L_n$ 表示 n 个独立的观测量,为消除矛盾而赋予的对应改正数为 $v_1,v_2,\cdots,v_n$,经改正后所得的有关量的数值叫作该量的平差值,也叫最或然值。

设以 L 表示观测值,v 表示观测值对应的改正数,$\hat{L}$表示平差值,则

$$\hat{L}(\text{平差值}) = L(\text{观测值}) + v(\text{改正数})$$

应用最小二乘原理求平差值,可以简单理解为:

(1)只用一组改正数消除观测值之间的不符值。

(2)观测值 $L_1,L_2,\cdots,L_n$ 为等精度的情况下,最小二乘原理要求这些改正数的平方和为最小,即

$$[vv] = \min$$

若令 $V = \begin{pmatrix} v_1 \\ v_2 \\ \vdots \\ v_n \end{pmatrix}$,以上公式又可用矩阵表示为

$$V^{\mathrm{T}}V = \min$$

(3)观测值 $L_1,L_2,\cdots,L_n$ 为非等精度观测时,最小二乘原理可表示为

$$[pvv] = \min$$

其中,p 为观测值的权。

根据上述任务,本课程主要讨论带有偶然误差的观测值平差处理问题,其内容为:

(1)偶然误差理论。包含偶然误差特性和偶然误差的传播、精度指标及其估计、权与中误差定义及其估计方法。

(2)测量平差的基础方法。重点介绍条件平差法、参数平差法、附有约束条件的参数平差法。

(3)介绍 Nasew 平差软件并应用其处理工程控制网。为以后的专业课学习,以及进一步学习和研究测量平差打下坚实基础。

习 题

1. 为什么说观测值总是带有误差,而且观测误差是不可避免的?

2. 观测条件是由哪些因素构成的?它与观测结果的质量有什么联系?

3. 测量误差分为哪几类?它们各自是怎样定义的?对观测成果有何影响?试举例说明。

4. 观测值的真误差是怎样定义的?

5. 在相同的观测条件下,大量的偶然误差呈现出什么样的规律性?

6. 测量平差的含义是什么?基本任务以及平差原则是什么?

7. 用钢尺丈量距离,有下列几种情况使测量的结果产生误差,试分别判定误差的性质及符号:①尺长不准确;②尺子不水平;③估读小数不准确;④尺子垂曲;⑤尺端偏离了直线方向。

8. 在水准测量中,有下列几种情况使水准尺读数带有误差,试判别误差的性质及符号:①视准轴与水准轴不平行;②仪器下沉;③读数不准确;④水准尺下沉。

第二章　协方差传播定律与权

第一节　精度估计的标准

测量平差的基本任务之一就是衡量测量成果的精度。因此,正确地理解精度的含义并准确地评价观测成果的精度,是非常重要的。

一、精度的含义

观测质量与误差的分布状况有着直接的关系,在一定的观测条件下进行一组观测,它总是对应着一种确定不变的误差分布。若测量条件好,误差分布的离散度就小,观测成果的质量较好,精度较高;测量条件差,则相反。由此可见,所谓精度,就是指误差分布的密集或离散的程度。

精度总是对一组观测值而言的。在相同的观测条件下进行的观测,获得一组观测值,那么误差分布的离散度是相同的,此时测量结果应视为等精度。

二、衡量精度的指标

为了衡量观测值精度的高低,可用误差分布表、直方图或误差分布概率密度曲线来表达。但这样做很不方便,有时甚至很困难。人们希望对精度有一个数字概念,能用它来反映误差分布的密集或离散的程度,并用该数字大小来作为衡量精度的指标。

衡量精度的指标有很多种,现介绍常用的几种。

(一)方差与中误差

在一定的观测条件下,得到一组独立的观测值 $L_1, L_2, \cdots, L_n$,它们的真误差分别为 $\Delta_1, \Delta_2, \cdots, \Delta_n$,则称这组独立真误差 Δ_i 平方的理论平均值为这组误差(或这组观测值)的方差,记为

$$\sigma^2 = \lim_{n\to\infty} \frac{[\Delta\Delta]}{n} \tag{2-1}$$

方差的平方根 σ 称为这组误差(或这组观测值)的均方差(或标准差),即

$$\sigma = \lim_{n\to\infty} \sqrt{\frac{[\Delta\Delta]}{n}} \tag{2-2}$$

因不同的 σ 将对应着不同形状的误差曲线,即 σ 愈小,曲线愈陡峭;σ 愈大,则曲线愈平缓。σ 的几何意义是:误差曲线拐点的横坐标,对于一个确定的误差分布,就有一个对应的、唯一确定的 σ 值。因此,σ 的数值可以反映出精度的高低。于是常用方差 σ^2、均方差 σ 作为衡量精度的指标。

应当指出,上面关于方差和均方差的计算式只有在观测个数 n 足够大时才成立。实

际工作中观测个数总是有限的，由有限个观测值的真误差只能求得方差和均方差的估值。在测绘界习惯用 m^2 和 m 分别表示方差和均方差的无偏估值，并称 m 为中误差，其计算公式为

$$m = \sqrt{\frac{[\Delta\Delta]}{n}} \tag{2-3}$$

（二）平均误差

在一定的观测条件下，一组独立误差绝对值的理论平均值，称为这组误差（或这组观测值）的平均误差，记为

$$\theta = \lim_{n\to\infty}\frac{[|\Delta|]}{n} \tag{2-4}$$

可以证明，平均误差 θ 与相应的均方差 σ 之间存在以下理论关系式

$$\left.\begin{aligned}\theta &= \sqrt{\frac{2}{\pi}}\sigma \approx 0.797\,9\sigma \approx \frac{4}{5}\sigma\\ \sigma &= \sqrt{\frac{\pi}{2}}\theta \approx 1.253\,3\theta \approx \frac{5}{4}\theta\end{aligned}\right\} \tag{2-5}$$

由式(2-5)可以看到：不同大小的 θ 对应着不同的 σ，也就对应着不同的误差分布曲线。因此，可以用平均误差 θ 作为衡量精度的指标。

由于实际工作中观测值的个数 n 总是有限的，故常用有限个观测误差来计算平均误差的估值 $\hat{\theta}$，即

$$\hat{\theta} = \frac{[|\Delta|]}{n} \tag{2-6}$$

方差、平均误差都可以作为衡量精度的指标。实际工作中，由于观测值的个数是有限的，仅能计算出均方差和平均误差的估值，它们与理论值之间有一定的差异。当然，n 值愈大，这一差异将愈小，就愈能反映观测精度。由于当 n 不大时，中误差 m 比平均误差 $\hat{\theta}$ 更能反映出真误差的影响，因此测绘界通常都采用中误差作为衡量精度的指标。

（三）或然误差

若有一正数 c，使得在一定测量条件下误差总体中，绝对值大于和小于此数值的两部分误差出现的概率相等，则称此数值为或然误差。实际应用时，或然误差前常冠以“±”号。若以 ρ 表示或然误差，则有 $\rho = \pm c$，c 满足

$$\int_{-c}^{c} f(\Delta)\,\mathrm{d}\Delta = \frac{1}{2} \tag{2-7}$$

图 2-1 几何意义表明：正态分布曲线下，介于 $-c$ 至 c 之间的面积为1/2，其余部分的面积和为 1/2。

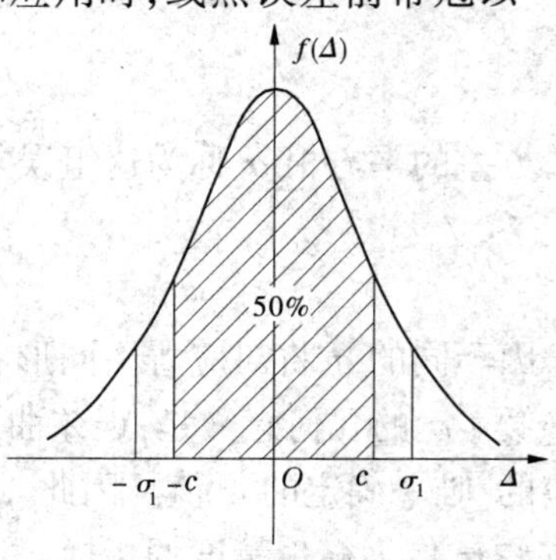

图 2-1　正态分布的几何意义

理论上，或然误差与中误差有如下关系

$$m \approx \frac{3}{2}\rho \qquad \rho \approx \frac{2}{3}m \tag{2-8}$$

实际计算中，当真误差个数不太多时，可把它们按绝对值大小依次排列，位于中间的误差值就视为或

然误差。如果误差列的误差个数为偶数,则取中间两误差值的平均值。当真误差个数较多时,则往往是用上面的公式,通过中误差计算或然误差。

(四)极限误差

观测必然要产生误差,那么,多大的误差算是正常情况下出现的偶然误差?多大的误差是由于观测条件不好而造成的粗差,其相应的观测值是否应返工重测?这就需要规定出一个标准来判断,这个标准就是极限误差。

由概率论、误差理论及实践证明:在大量同精度观测的一组误差中,绝对值大于1倍均方差的偶然误差出现的可能性是31.7%;大于2倍均方差的偶然误差出现的可能性是4.5%,大于3倍均方差的偶然误差出现的可能性非常小,只有0.3%,实际上就是不可能出现的。即误差出现在$(-\sigma,+\sigma)$,$(-2\sigma,+2\sigma)$,$(-3\sigma,+3\sigma)$中的概率分别为

$$\left.\begin{aligned}P(-\sigma<\Delta<+\sigma)&\approx 68.3\%\\P(-2\sigma<\Delta<+2\sigma)&\approx 95.5\%\\P(-3\sigma<\Delta<+3\sigma)&\approx 99.7\%\end{aligned}\right\}\tag{2-9}$$

因此,人们通常以3倍均方差作为极限误差,即

$$\Delta_{限}=3\sigma\tag{2-10}$$

若对观测的要求较为严格,也可规定2倍均方差为极限误差,即

$$\Delta_{限}=2\sigma\tag{2-11}$$

实用上以均方差的估值中误差m代替σ,即以$3m$或$2m$作为极限误差。

极限误差在实际测量工作中是经常采用的。测量规范中明确规定了各类不同等级测量极限误差值。在测量工作中,如果某误差超过极限误差,就认为该误差是粗差,其相应观测值应舍去不用或返工重测。

例如,在应用清华山维Nasew2003软件数据处理时,首先要对数据闭合差限差进行设置,现在一般选$2m$作为极限误差。如图2-2所示。

(五)相对误差

对于某些观测结果,有时单靠中误差还不能完全表达观测结果精度的高低。例如,分别丈量了2 000 m和20 m两段距离,观测值的中误差均为±2 cm。虽然两者的中误差相同,但就单位长度的精度而言,两者并不相同。很显然,前者的精度比后者要高。因此,人们常采用另一种方法去衡量精度,这就是相对误差。

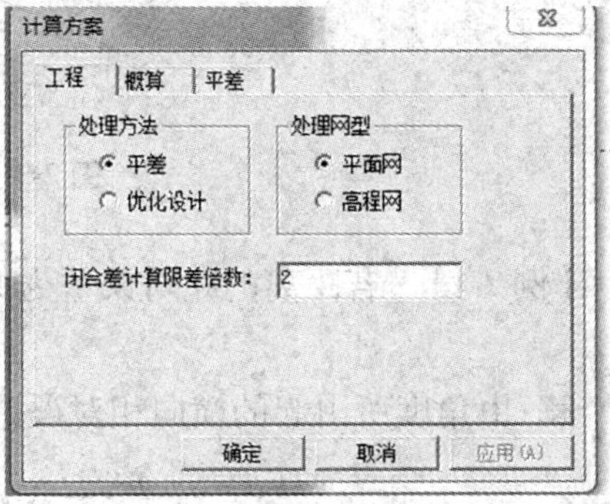

图2-2　Nasew2003软件数据处理计算方案设置

所谓相对误差,就是观测值的误差(真误差、中误差和极限误差)与观测值之比。相对误差是一个无量纲的数。为了便于比较,在测量中通常将其分子化为1,即用$1/N$表示。例如,上述两段距离,前者的相对误差为

$$\frac{0.02}{2\,000}=\frac{1}{100\,000}$$

而后者的相对误差为

$$\frac{0.02}{20}=\frac{1}{1\ 000}$$

显然,2 000 m 距离的量测精度高,即前者每单位长度的测量精度比后者的高。

相对误差通常用于长度测量中,角度测量不采用相对误差。因为,角度误差的大小主要是观测两个方向引起的,它并不依赖角度大小而变化。

在某种情况下(如导线测量),点位误差是测角误差和距离误差的合并影响,故两者的精度应取得一致。这就要对角度误差与距离误差进行比较,此时用相对误差就能达到此目的。

图 2-3 表示的是由测量角度和距离确定 P 点的位置。由于角度测量有误差 $\Delta\alpha$ 使 P 点移至 P_1 点。由于距离测量有误差 ΔS 使 P_1 点又移至 P_2 点。由角度测量引起的垂直于量线方向的位置误差 Δu 称为横向误差;由距离误差 ΔS 引起的沿测量方向上的位置误差称为纵向误差。于是

$$\text{纵向相对误差}=\frac{\Delta S}{S}\qquad\text{横向相对误差}=\frac{\Delta u}{S}$$

如果将 Δu 近似地视为圆弧,则 $\Delta u/S$ 就是角度 $\Delta\alpha$ 的弧度值。即$\frac{\Delta u}{S}=\Delta\alpha(\text{弧度值})=\frac{\Delta\alpha'}{\rho'}=\frac{\Delta\alpha''}{\rho''}$。这里,$\Delta\alpha'$、$\Delta\alpha''$分别表示测角误差 $\Delta\alpha$ 以分或秒为单位;ρ'、ρ''分别代表 1 弧度的分值和秒值。

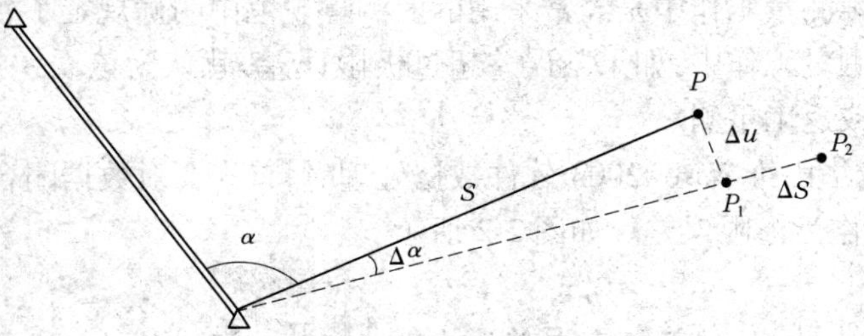

图 2-3　纵向误差和横向误差

【例 2-1】　若距离的相对误差为 1/200 000,方向误差为 ±1″,试比较两者误差是否匹配。

解:由角度所引起的横向相对误差为

$$\frac{\Delta u}{S}=\Delta\alpha=\frac{1}{206\ 265}\approx\frac{1}{200\ 000}$$

可见当距离测量精确到$\frac{1}{200\ 000}$时,与角度精确到秒相匹配。

三、权

为了比较各观测值之间的精度,除可以用方差外,还可以通过方差之间的比例关系来衡量观测值之间的精度高低。这种表示各观测值方差之间的比例关系的数字特征,称为权。

权就是衡量轻重的意思。在平差计算中,如果有一组观测值是等精度的,那么在平差计算时就应将它们同等对待,因此说这组观测值是等权的。而对于一组不等精度的观测值,在平差计算时就不能等同对待。容易理解,平差时,给精度较高的观测值以较大的信赖,使其对平差结果的影响较大;给精度相对较低的观测值以较小的信赖,使其对平差结果的影响也相对较小。因此,权起了权衡各观测量在平差结果中所占分量的作用。

在实际工作中,观测值的方差在平差计算之前往往是不知道的,而各观测值在平差计算中所占的比重,却可以根据事先给定的条件予以确定,然后根据平差的结果进而求出方差。因此,在平差计算中,权起着非常重要的作用。

设有观测值 $L_i(i=1,2,\cdots,n)$,它们的中误差 $m_i(i=1,2,\cdots,n)$,如选定任意常数 μ(一般与观测值的量纲相同),则权的定义公式为

$$p_i = \frac{\mu^2}{m_i^2} \tag{2-12}$$

式中,p_i 为观测值 L_i 的权。在实际应用时总是用中误差代替,公式中 μ 为任意常数,m_i 为观测值对应的中误差。有时候权也用下式表示

$$p_i = \frac{\sigma_0^2}{\sigma_i^2}$$

其中,σ_0^2 是单位权方差,σ_i^2 是观测值的方差。

可以看出,权与中误差的平方成反比。当 μ 确定后,测量条件好(观测值方差越小),其权就越大;反之,权则越小。由权的定义式可以写出各观测值的权之间的比例关系为

$$\frac{p_i}{p_j} = \frac{m_j^2}{m_i^2} \tag{2-13}$$

即两个观测值的权之比,等于它们相应的中误差平方之比的倒数。

权与中误差都是反映测量条件的好坏,进而表示观测精度的一个数值,这是权与中误差的共性。但中误差是评定观测精度的绝对数值,是一个有单位的量(其量纲与观测值的量纲相同),而权则是表示各观测值彼此间可信赖程度的相对数值,这是权与中误差的不同点。因此,权的意义就在于这种相对性,它的作用是衡量观测值之间的相对精度。

必须注意:为了使权能起到比较精度高低的作用,在同一个问题中只能选定一个 μ。不能同时选用几个不同的 μ,否则就破坏了权之间的比例关系。

现在来考察常数 μ 的实际意义。当某一中误差恰好等于选定的常数 μ 时,则由

$$p_i = \frac{\mu^2}{m_i^2} = 1 \tag{2-14}$$

即中误差等于 μ 值,其权为 1。我们称数值为 1 的权为单位权。单位权对应的中误差 μ 则称为单位权中误差。而单位权所对应的观测值即为单位权观测值。

此外,权为 1 时所对应的方差,称为单位权方差。单位权中误差 μ 的平方,即为单位权方差的估计值。为进一步理解单位权中误差以及权的相对性,试看下面的例子。

【例 2-2】 设某量的三个观测值 L_1, L_2, L_3 的中误差分别为 $m_1=\pm1''$,$m_2=\pm2''$,$m_3=\pm3''$,试求观测值的权。

解:由式(2-12)知各观测值的权 p_1, p_2, p_3 为

$$p_1 = \frac{\mu^2}{(\pm 1'')^2}, p_2 = \frac{\mu^2}{(\pm 2'')^2}, p_3 = \frac{\mu^2}{(\pm 3'')^2}$$

因为比例常数μ是任意选取的,故取不同的μ可以得出不同的权。例如分别取$\mu = 1'', 2'', 3'', 4'', \cdots$可得相应的权如下:

当$\mu = 1''$时: $p_1 = \frac{1}{1^2} = 1, p_2 = \frac{1}{2^2} = \frac{1}{4}, p_3 = \frac{1}{3^2} = \frac{1}{9}$

当$\mu = 2''$时: $p_1 = \frac{4}{1^2} = 4, p_2 = \frac{4}{2^2} = 1, p_3 = \frac{4}{3^2} = \frac{4}{9}$

当$\mu = 3''$时: $p_1 = \frac{9}{1^2} = 9, p_2 = \frac{9}{2^2} = \frac{9}{4}, p_3 = \frac{9}{3^2} = 1$

当$\mu = 4''$时: $p_1 = \frac{16}{1^2} = 16, p_2 = \frac{16}{2^2} = 4, p_3 = \frac{16}{3^2} = \frac{16}{9}$

⋮ ⋮ ⋮ ⋮

由例 2-2 可以看出:

(1)单位权观测值随μ的选定而定。如例 2-2 中,选$\mu = 1''$,$1''$即单位权中误差,于是$p_1 = 1$,则L_1为单位权观测值;当选$\mu = 2''$时,$2''$即单位权中误差,相应地$p_2 = 1$,这时L_2为单位权观测值。可见,在一组非等精度观测结果平差中,单位权中误差在选取前是不固定的,可根据需要任意选定。它可在观测列中选取,也可在观测列之外选取。如例 2-2 中选$\mu = 4''$就是在观测列之外选取的。

(2)常数μ改变时权的相互比值不变。如例 2-2 中,选取$\mu = 1'', 2'', 3'', 4''$等值,得四个不同权组。可以看出,将第一组权 1,1/4,1/9 分别乘以 4,9,16,便得到第二、三、四组权;将第四、三、二组权分别除以 16,9,4,便得到第一组权。不同组权中权之间的比值不变,即

$$p_1 : p_2 : p_3 = 1 : \frac{1}{4} : \frac{1}{9} = 4 : 1 : \frac{4}{9} = 9 : \frac{9}{4} : 1 = \cdots$$

可见,一组权根据需要同乘以或同除以某数,其相互比值不变,这就是权的相对性。离开权的这种相对性,单纯看某观测值权的大小,是无意义的。

(3)选定了一个μ值,即有一组对应的权。或者说,有一组权,必然有一个对应的μ值。在同一平差问题中,只能选定一个μ值来确定权,不能同时选用几个不同的μ值,否则就破坏了权之间的比例关系。

【例 2-3】 某附合导线如图 2-4 所示,现观测了四个角度$\beta_1, \beta_2, \beta_3, \beta_4$和三条边长$S_1, S_2, S_3$。设中误差分别为$m_{S_1} = \pm 0.6$ cm, $m_{S_2} = \pm 0.8$ cm, $m_{S_3} = \pm 0.9$ cm, $m_{\beta_1} = m_{\beta_2} = m_{\beta_3} = m_{\beta_4} = \pm 1.8''$。

试确定角度观测值和边长观测值的权。

解:以角度观测值为单位权观测值,现令$\mu = \pm 1.8''$,由此可得

$$p_1 = p_2 = p_3 = p_4 = \frac{\mu^2}{m^2} = 1$$

$$p_{S_1} = \frac{\mu^2}{m_{S_1}^2} = 9.00 \frac{('')^2}{\text{cm}^2}, p_{S_2} = \frac{\mu^2}{m_{S_2}^2} = 5.06 \frac{('')^2}{\text{cm}^2}, p_{S_3} = \frac{\mu^2}{m_{S_3}^2} = 4.00 \frac{('')^2}{\text{cm}^2}$$

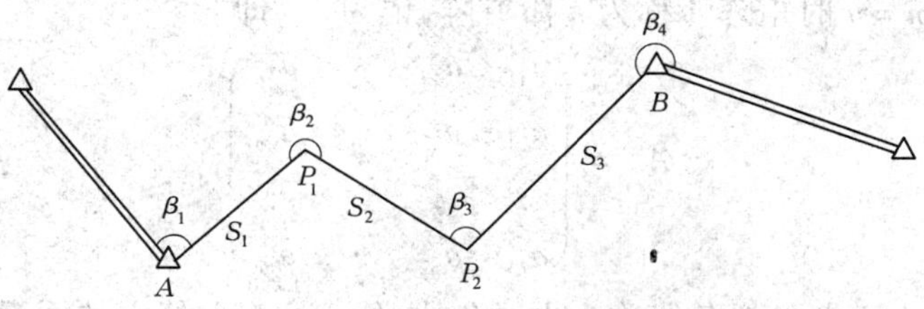

图 2-4　附合导线

从例 2-3 可见,用权来衡量各观测值之间的相对精度,可以是同一类的观测值,也可以是不同类的观测值。在确定一组同类元素的观测值的权时,所选的单位权中误差 μ 的单位一般与观测值中误差的单位相同。确定两种不同类型的观测值的权时,若某类观测量的权是无单位的,则另一类观测值的权必然是有单位的,这种情况在平差中是常常会遇到的。

第二节　协方差传播定律

第一节介绍了衡量精度的指标,通常采用方差或均方差来衡量观测值的精度。在实际工作中,往往会遇到这样一个问题,即有些量的大小并不是直接测定的,而是由观测值通过一定的函数关系间接计算出来的。例如,已知水平距离 D、竖直角观测值 α,则三角高程测量计算高差的公式为

$$h = D\tan\alpha + i - a$$

式中,i 是仪器高;a 是镜站觇牌高;h 是观测值的函数。类似的例子还可以举出很多。现在的问题是,如何衡量这些观测值函数的精度?观测值的方差与观测值函数的方差之间,存在着怎样的关系?这就是协方差传播定律要解决的问题。

本节由于在协方差传播定律的定义以及使用中会用到简单的矩阵运算,所以这里我们先对矩阵的基本知识做一定的复习。

一、矩阵的基本知识

(一)矩阵的定义

由 $m \times n$ 个数 $a_{ij}(i=1,2,\cdots,m;j=1,2,\cdots,n)$ 排成的矩阵数表

$$\begin{pmatrix} a_{11} & a_{12} & \cdots & a_{1n} \\ a_{21} & a_{22} & \cdots & a_{2n} \\ \vdots & \vdots & & \vdots \\ a_{m1} & a_{m2} & \cdots & a_{mn} \end{pmatrix}$$

称为一个 m 行 n 列的矩阵或称 $m \times n$ 矩阵,横排称为矩阵的行,纵排称为矩阵的列,a_{ij}表示该矩阵位于第 i 行第 j 列的元素,i、j 分别称为 a_{ij}的行下标和列下标。

$m \times n$ 矩阵记作 $A_{m\times n}$或$(a_{ij})_{m\times n}$,或简记为 A 和(a_{ij})。

特殊地，若 $m=n$ 时矩阵 A 称为 n 阶方阵，记为 A_n，即

$$A_n=\begin{pmatrix} a_{11} & a_{12} & \cdots & a_{1n} \\ a_{21} & a_{22} & \cdots & a_{2n} \\ \vdots & \vdots & & \vdots \\ a_{n1} & a_{n2} & \cdots & a_{nn} \end{pmatrix}$$

其中从左上角到右下角的对角线称为主对角线，位于主对角线上的元素称为主对角元素，从右上角到左下角的对角线称为副对角线。

以下介绍几种特殊矩阵：

(1)对角方阵：除主对角元素外其他元素均为零的方阵称为对角方阵。如

$$\begin{pmatrix} \lambda_1 & 0 & 0 \\ 0 & \lambda_2 & 0 \\ 0 & 0 & \lambda_3 \end{pmatrix}$$

为三阶对角方阵。

(2)单位阵：主对角元素都为1，其他元素均为零的对角方阵称为单位阵，记为 E_n（或 E）。如 $E_2=\begin{pmatrix} 1 & 0 \\ 0 & 1 \end{pmatrix}$ 是二阶单位阵。

$$E_4=\begin{pmatrix} 1 & 0 & 0 & 0 \\ 0 & 1 & 0 & 0 \\ 0 & 0 & 1 & 0 \\ 0 & 0 & 0 & 1 \end{pmatrix}$$

是四阶单位阵，也常记作

$$E_4=\begin{pmatrix} 1 & & & \\ & 1 & & \\ & & 1 & \\ & & & 1 \end{pmatrix}$$

(3)对称方阵：主对角线两侧的元素对称相等，即 $a_{ij}=a_{ji}$ 的方阵称为对称方阵，如下：

$$\begin{pmatrix} 2 & 1 \\ 1 & 0 \end{pmatrix},\begin{pmatrix} 1 & 2 & 3 \\ 2 & 3 & 1 \\ 3 & 1 & 2 \end{pmatrix}$$

若 $a_{ij}=-a_{ji}$，则称为反对称方阵。如

$$\begin{pmatrix} 0 & 2 & -3 \\ -2 & 1 & 1 \\ 3 & -1 & 4 \end{pmatrix}$$

(4)三角形矩阵：主对角线一侧的元素全为零的方阵称为三角形矩阵。其中

$$\begin{pmatrix} a_{11} & a_{12} & \cdots & a_{1n} \\ & a_{22} & \cdots & a_{2n} \\ & & \ddots & \vdots \\ 0 & & & a_{nn} \end{pmatrix}$$

称为上三角形矩阵，

$$\begin{pmatrix} a_{11} & & & 0 \\ a_{21} & a_{22} & & \\ \vdots & \vdots & \ddots & \\ a_{n1} & a_{n2} & \cdots & a_{nn} \end{pmatrix}$$

称为下三角形矩阵，如：

$$A = \begin{pmatrix} 4 & 0 & 5 \\ 0 & 3 & 2 \\ 0 & 0 & 1 \end{pmatrix}\text{为上三角形矩阵}, B = \begin{pmatrix} 3 & 0 & 0 \\ 1 & 8 & 0 \\ 6 & 2 & 1 \end{pmatrix}\text{为下三角形矩阵。}$$

(5)零矩阵：所有元素都为零的矩阵称为零矩阵，记作 $0_{m\times n}$，如

$$0_{2\times 3} = \begin{pmatrix} 0 & 0 & 0 \\ 0 & 0 & 0 \end{pmatrix}$$

(6)行矩阵：只有一行的矩阵（也称为行向量）。

(7)列矩阵：只有一列的矩阵（也称为列向量）。

(二)矩阵的运算

1. 矩阵的加法和减法

设有 $m\times n$ 矩阵 $A=(a_{ij})$，$B=(b_{ij})$ 把它们的对应元素相加所得矩阵

$$C = \begin{pmatrix} a_{11}+b_{11} & a_{12}+b_{12} & \cdots & a_{1n}+b_{1n} \\ a_{21}+b_{21} & a_{22}+b_{22} & \cdots & a_{2n}+b_{2n} \\ \vdots & \vdots & & \vdots \\ a_{m1}+b_{m1} & a_{m2}+b_{m2} & \cdots & a_{mn}+b_{mn} \end{pmatrix}$$

称为矩阵 A 与 B 的和，记作 $A+B$，即

$$C = A + B = (a_{ij} + b_{ij})$$

由定义知，只有当两个矩阵的行数和列数对应相同时，两矩阵才能相加。

设 A、B、C 均为 $m\times n$ 矩阵，易验证，矩阵加法满足以下运算律。

(1)$A+B=B+A$。

(2)$(A+B)+C=A+(B+C)$。

(3)$A+0=A$(0 是 $m\times n$ 零矩阵)。

(4)矩阵$(-a_{ij})$称为 A 的负矩阵，记为 $-A$，显然 $A+(-A)=0$。

矩阵的减法可定义为 $A-B=A+(-B)$。

2. 矩阵的乘法

(1)数 k 乘矩阵 A 的每一个元素所得矩阵称为数 k 与 A 的积或数乘矩阵，记作 kA(或 Ak)，即

$$kA = (ka_{ij})_{m\times n}$$

设 k 与 l 是常数，易验证，数乘矩阵满足以下运算律。

$$k(A+B) = kA + kB, (l+k)A = lA + kA, k(lA) = (kl)A$$

(2)矩阵乘矩阵。设 $A=(a_{ij})_{m\times s}$，$B=(b_{ij})_{s\times n}$，称矩阵 $C=(c_{ij})_{m\times n}$，其中

$$c_{ij} = a_{i1}b_{1j} + a_{i2}b_{2j} + \cdots + a_{in}b_{nj}$$

为 A 与 B 的乘积,记作 $C = AB$。

从定义知,矩阵 C 的第 i 行第 j 列的元素 c_{ij} 等于左矩阵 A 的第 i 行与右矩阵 B 的第 j 列的对应元素乘积之和。因此,左矩阵 A 的列数需与右矩阵 B 的行数相同时,两矩阵才能相乘。AB 称 A 左乘 B 或 B 右乘 A,一般左右顺序不能易位。

【例 2-4】 设 $A = \begin{pmatrix} 1 & 1 \\ -1 & -1 \end{pmatrix}$,$B = \begin{pmatrix} 1 & -1 \\ -1 & 1 \end{pmatrix}$,求 AB 与 BA。

解:根据定义:

$$\begin{aligned} AB &= \begin{pmatrix} 1 & 1 \\ -1 & -1 \end{pmatrix}\begin{pmatrix} 1 & -1 \\ -1 & 1 \end{pmatrix} \\ &= \begin{pmatrix} 1 \times 1 + 1 \times (-1) & 1 \times (-1) + 1 \times 1 \\ (-1) \times 1 + (-1) \times (-1) & (-1) \times (-1) + (-1) \times 1 \end{pmatrix} \\ &= \begin{pmatrix} 0 & 0 \\ 0 & 0 \end{pmatrix} \end{aligned}$$

同理:

$$BA = \begin{pmatrix} 2 & -2 \\ -2 & -2 \end{pmatrix}$$

由此看出,矩阵乘法一般不适合交换律,即 $AB \neq BA$,且 A、B 都不是零矩阵时,其乘积也有可能为零矩阵。

矩阵乘法满足以下运算律:

(1) $(AB)C = A(BC)$。

(2) $A(B + C) = AB + AC$。

(3) $(B + C)A = BA + CA$。

(4) $k(AB) = (kA)B = A(kB)$。

3. 矩阵的转置

把矩阵 $A = (a_{ij})_{m \times n}$ 的行列互换所得矩阵,称为 A 的转置矩阵,记作 A^{T},即

$$A^{\mathrm{T}} = \begin{pmatrix} a_{11} & a_{21} & \cdots & a_{m1} \\ a_{12} & a_{22} & \cdots & a_{m2} \\ \vdots & \vdots & & \vdots \\ a_{1n} & a_{2n} & \cdots & a_{mn} \end{pmatrix}$$

显然,若 A 是对称方阵,即 $a_{ij} = a_{ji}$,则 $A^{\mathrm{T}} = A$。

转置矩阵具有如下性质:

(1) $(A^{\mathrm{T}})^{\mathrm{T}} = A$。

(2) $(A + B)^{\mathrm{T}} = A^{\mathrm{T}} + B^{\mathrm{T}}$。

(3) $(kA)^{\mathrm{T}} = kA^{\mathrm{T}}$。

(4) $(AB)^{\mathrm{T}} = B^{\mathrm{T}}A^{\mathrm{T}}$。

【例 2-5】 已知 $A=(1\quad -1\quad 2)$，$B=\begin{pmatrix}2 & -1 & 0\\1 & 1 & 3\\4 & 2 & 1\end{pmatrix}$，求 $(AB)^{\mathrm{T}}$ 及 $B^{\mathrm{T}}A^{\mathrm{T}}$。

解：由 $AB=(1\quad -1\quad 2)\begin{pmatrix}2 & -1 & 0\\1 & 1 & 3\\4 & 2 & 1\end{pmatrix}=(9\quad 2\quad -1)$

得
$$(AB)^{\mathrm{T}}=\begin{pmatrix}9\\2\\-1\end{pmatrix}$$

又
$$B^{\mathrm{T}}A^{\mathrm{T}}=\begin{pmatrix}2 & 1 & 4\\-1 & 1 & 2\\0 & 3 & 1\end{pmatrix}\begin{pmatrix}1\\-1\\2\end{pmatrix}=\begin{pmatrix}9\\2\\-1\end{pmatrix}$$

4. 用 Excel 进行矩阵计算

用 Excel 可以进行矩阵的多种计算，下面以两矩阵相乘为例说明一下计算具体的步骤。

【例 2-6】 已知 $A=\begin{pmatrix}1 & 2\\3 & 4\end{pmatrix}$，$B=\begin{pmatrix}2 & 5\\4 & 1\end{pmatrix}$，用 Excel 求 $A\times B$。

解：具体操作步骤如下：

(1) 打开 Excel，输入矩阵 A 的数组，然后输入矩阵 B 的数组，如图 2-5 所示。

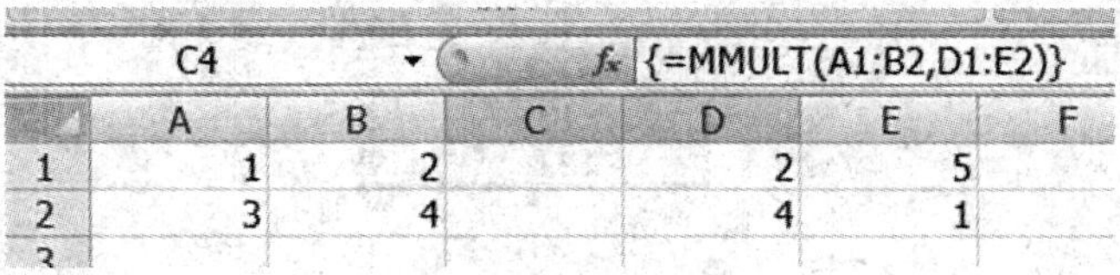

图 2-5　输入数据

(2) A 乘 B 所得矩阵 C 为 2 行 2 列数组，所以在 Excel 选择 2 行 2 列的空白区域，然后在工具栏里选择"插入—公式—数学和三角函数"下的"MMULT 命令"则出现对话框，如图 2-6 所示。

(3) 在对话框中需要分别命名 Array1 与 Array2 的数组。鼠标单击图 2-6 所示箭头位置，则可以在 Excel 里框选，但须注意，在选择之后，单击回车键确认，然后用"Ctrl + Shift + Enter"进行确认，即可得出 AB 的结果，如图 2-7 所示。

用 Excel 还可以求得某矩阵所代表行列式的值以及逆矩阵等。命令分别是 MDETERM(行列式的值) 和 MINVERSE(逆矩阵) 等，具体操作如例 2-6。

二、协方差的定义与概念

在一定范围内能以一定的概率随机地取得各种不同数值的量，称为随机变量。在测量工作中，观测误差和观测值都是随机变量。对于一个随机变量 x，可将其方差定义为

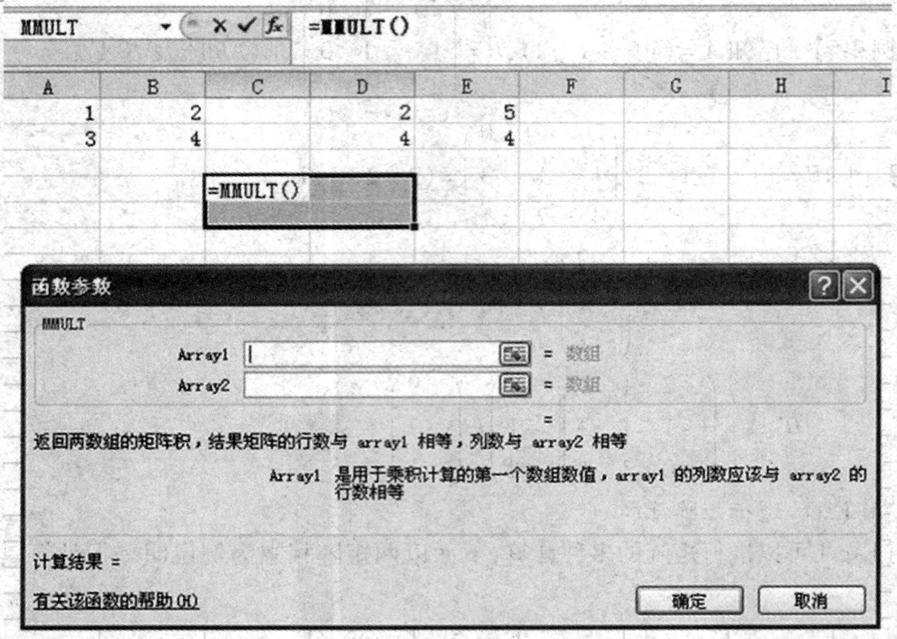

图 2-6　插入公式

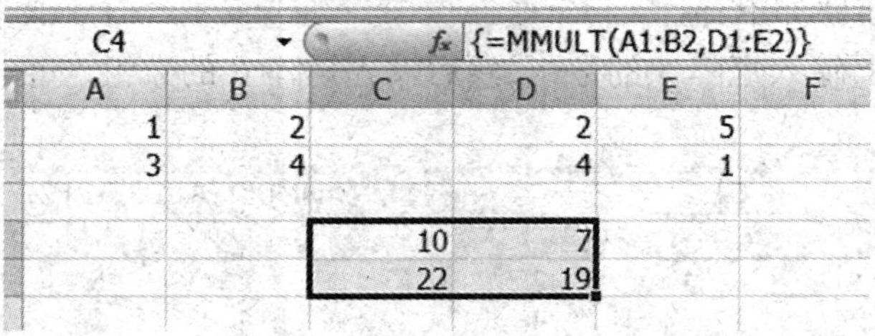

图 2-7　计算结果

$$\sigma_x^2 = \lim_{n\to\infty}\frac{[\Delta_x\Delta_x]}{n} \tag{2-15}$$

如果有另一个随机变量 y,同样可以将其方差定义为

$$\sigma_y^2 = \lim_{n\to\infty}\frac{[\Delta_y\Delta_y]}{n} \tag{2-16}$$

当讨论两个或多个随机变量时,就要考虑描述它们之间相互关系的数学特征——协方差。设有随机变量 x 和 y,则它们的协方差定义为

$$\sigma_{xy}^2 = \lim_{n\to\infty}\frac{[\Delta_x\Delta_y]}{n} \tag{2-17}$$

可见,协方差是两种真误差 Δ_x、Δ_y 所有可能取值的乘积的理论平均值。显然,协方差描述了两个随机变量之间的关系。因测量上所涉及的观测值和观测误差都是服从正态分布的随机变量,故当 $\sigma_{xy}=0$ 时,就表示 x 和 y 这两个随机变量的误差是不相关的,或者说,x 和 y 是互相独立的两个随机变量。若 $\sigma_{xy}\neq 0$,则表示它们的误差是相关的,即 x 和 y

是相关的、不独立的。

实际工作中,因 n 总是有限值,所以只能求得协方差的估值,且记为

$$D_{xy} = \frac{[\Delta_x \Delta_y]}{n} \tag{2-18}$$

由两个随机变量推广之,设有 n 个随机变量 $x_1, x_2, \cdots, x_n$,对测量工作来说,这 n 个随机变量可以是等精度的独立观测值,也可以是不等精度的相关观测值,还可以是观测值的函数,故统称为 n 个随机变量。由它们组成的 $n \times 1$ 阶列矩阵为

$$\underset{n\times1}{X} = [x_1 \quad x_2 \quad \cdots \quad x_n]^{\mathrm{T}} \tag{2-19}$$

式中,X 称为 n 维随机向量。则 n 维随机向量 X 的方差 D_{XX} 定义为 n 阶方阵

$$\underset{n\times n}{D_{XX}} = \begin{pmatrix} \sigma_{x_1}^2 & \sigma_{x_1x_2} & \cdots & \sigma_{x_1x_n} \\ \sigma_{x_2x_1} & \sigma_{x_2}^2 & \cdots & \sigma_{x_2x_n} \\ \vdots & \vdots & & \vdots \\ \sigma_{x_nx_1} & \sigma_{x_nx_2} & \cdots & \sigma_{x_n}^2 \end{pmatrix} \tag{2-20}$$

D_{XX}阵中主对角线元素 σ_x^2,为各个随机变量 x_i 的方差,非对角线元素 $\sigma_{x_ix_j}$为两两随机变量 x_i 关于 $x_j(i \neq j)$的协方差,故称 D_{XX}为随机向量 X 的方差——协方差阵,简称为 X 的方差阵或自协方差阵。

可以证明 $\sigma_{x_ix_j} = \sigma_{x_jx_i}$,故 D_{XX}为 n 阶对称方阵。当随机向量 X 中的任意两个随机变量两两相互独立时,则有 $\sigma_{x_ix_j} = \sigma_{x_jx_i} = 0(i \neq j)$,此时随机向量 X 的方差—协方差阵为一对角阵,即

$$\underset{n\times n}{D_{XX}} = \begin{pmatrix} \sigma_{x_1}^2 & & & \\ & \sigma_{x_2}^2 & & \\ & & \ddots & \\ & & & \sigma_{x_n}^2 \end{pmatrix} \tag{2-21}$$

进一步,当随机向量 X 中的变量不仅两两相互独立,且所有的随机变量的精度均相同时,则 D_{XX}为一纯量阵,即

$$\underset{n\times n}{D_{XX}} = \begin{pmatrix} \sigma^2 & & & \\ & \sigma^2 & & \\ & & \ddots & \\ & & & \sigma^2 \end{pmatrix} \tag{2-22}$$

三、观测值线性函数的方差

设有随机向量 X 的一个线性函数为

$$z = k_1x_1 + k_2x_2 + \cdots + k_nx_n + k_0 \tag{2-23}$$

若记:

$$K^{\mathrm{T}} = \begin{pmatrix} k_1 \\ k_2 \\ \vdots \\ k_n \end{pmatrix}, X = \begin{pmatrix} x_1 \\ x_2 \\ \vdots \\ x_n \end{pmatrix}$$

则式(2-23)可以用矩阵表示为

$$Z = KX + k_0 \tag{2-24}$$

现已知随机向量 X 的方差阵为

$$\underset{n\times n}{D_{XX}} = \begin{pmatrix} \sigma_1^2 & \sigma_{12} & \cdots & \sigma_{1n} \\ \sigma_{21} & \sigma_2^2 & \cdots & \sigma_{2n} \\ \vdots & \vdots & & \vdots \\ \sigma_{n1} & \sigma_{n2} & \cdots & \sigma_n^2 \end{pmatrix}$$

矩阵中元素 σ_{ij} 即为 $\sigma_{x_ix_j}$ 的简略表示,则随机向量 X 的线性函数 Z 的方差为

$$D_{ZZ} = KD_{XX}K^{\mathrm{T}} \tag{2-25}$$

若将式(2-25)用矩阵乘法运算,可展开成纯量形式,并考虑 $\sigma_{ij}=\sigma_{ji}$ 则得:

$$\sigma_Z^2 = k_1^2\sigma_1^2 + k_2^2\sigma_2^2 + \cdots + k_n^2\sigma_n^2 + 2k_1k_2\sigma_{12} + 2k_1k_3\sigma_{13} + \cdots + 2k_1k_n\sigma_{1n} + 2k_2k_3\sigma_{23} + \cdots + 2k_2k_n\sigma_{2n} + \cdots + 2k_{n-1}k_n\sigma_{(n-1)n} \tag{2-26}$$

当随机向量 X 中的各个分量 $x_i(i=1,2,\cdots,n)$ 两两独立时,它们之间的协方差 $\sigma_{ij}=0$,D_{XX} 为对角阵,此时 Z 的方差为:

$$\sigma_Z^2 = k_1^2\sigma_1^2 + k_2^2\sigma_2^2 + \cdots + k_n^2\sigma_n^2 \tag{2-27}$$

实际计算时,随机向量中各分量的方差和两两之间的协方差,可以用估值代入进行计算,即

$$m_Z^2 = KM_{XX}K^{\mathrm{T}}$$

$$M_{XX} = \begin{pmatrix} m_1^2 & m_{12} & \cdots & m_{1n} \\ m_{21} & m_2^2 & \cdots & m_{2n} \\ \vdots & \vdots & & \\ m_{n1} & m_{n2} & \cdots & m_n^2 \end{pmatrix} \tag{2-28}$$

其纯量形式为

$$m_Z^2 = k_1^2m_1^2 + k_2^2m_2^2 + \cdots + k_n^2m_n^2 + 2k_1k_2m_{12} + 2k_1k_3m_{13} + \cdots + 2k_1k_nm_{1n} + 2k_2k_3m_{23} + \cdots + 2k_2k_nm_{2n} + \cdots + 2k_{n-1}k_nm_{(n-1)n} \tag{2-29}$$

当各分量两两之间相互独立时,则有

$$m_z^2 = k_1^2m_1^2 + k_2^2m_2^2 + \cdots + k_n^2m_n^2 \tag{2-30}$$

这就是常用到的中误差传播定律。

【例 2-7】 在 1∶500 的地图上,量得某两点间的距离 $d=23.4$ mm,d 的量测中误差 $m_d=\pm0.2$ mm,求该两点实地距离 S 及其中误差 m_S。

解:两点间实地距离为

$$S = 500d = 500\times 23.4 = 11\,700(\mathrm{mm}) = 11.7\ \mathrm{m}$$

中误差为

$$m_S^2 = 500^2 m_d^2$$

$$m_S = 500m_d = 500 \times (\pm 0.2\ \text{mm}) = \pm 0.1\ \text{m}$$

最后写成

$$S = 11.7\ \text{m} \pm 0.1\ \text{m}$$

【例 2-8】 设 x 为独立观测值 L_1, L_2, L_3 的函数 $x = \frac{1}{7}L_1 + \frac{2}{7}L_2 - \frac{4}{7}L_3$，已知 L_1, L_2, L_3 的中误差 $m_1 = \pm 3$ mm，$m_2 = \pm 2$ mm，$m_3 = \pm 1$ mm，求函数的中误差 m_x。

解： 因为 L_1, L_2, L_3 是独立观测值，所以按式(2-30)得

$$m_x^2 = \left(\frac{1}{7}\right)^2 m_1^2 + \left(\frac{2}{7}\right)^2 m_2^2 + \left(\frac{4}{7}\right)^2 m_3^2$$

$$= \frac{1}{49} \times 9 + \frac{4}{49} \times 4 + \frac{16}{49} \times 1 = 0.84$$

$$m_x = \pm 0.9\ \text{mm}$$

【例 2-9】 设有观测值 L_1, L_2, L_3 的函数 $F = L_1 + 2L_2 - 3L_3$，已知 L_1, L_2, L_3 的方差分别为 $\sigma_1^2 = 4, \sigma_2^2 = 2, \sigma_3^2 = 3$，$L_1, L_2, L_3$ 两两之间的协方差分别为 $\sigma_{12} = 0, \sigma_{13} = 1, \sigma_{23} = 0$，求函数 F 的方差。

解： 按式(2-20)观测值的方阵为

$$D_{LL} = \begin{pmatrix} 4 & 0 & 1 \\ 0 & 2 & 0 \\ 1 & 0 & 3 \end{pmatrix}$$

函数 F 可以表示为

$$F = L_1 + 2L_2 - 3L_3 = (1, 2, -3)\begin{pmatrix} L_1 \\ L_2 \\ L_3 \end{pmatrix}$$

按式(2-25)得函数的方差

$$D_{FF} = (1, 2, -3)\begin{pmatrix} 4 & 0 & 1 \\ 0 & 2 & 0 \\ 1 & 0 & 3 \end{pmatrix}\begin{pmatrix} 1 \\ 2 \\ -3 \end{pmatrix} = 33$$

如直接按式(2-26)计算，同样可得函数的方差

$$D_{FF} = 1^2 \times 4 + 2^2 \times 2 + (-3)^2 \times 3 + 2 \times (-3) \times 1 = 33$$

上面讨论了对随机向量 X 的一个线性函数，求其方差的问题。现设有随机向量 X 的 t 个线性函数为

$$\left.\begin{aligned} F_1 &= a_{11}x_1 + a_{12}x_2 + \cdots + a_{1n}x_n + a_{10} \\ F_2 &= a_{21}x_1 + a_{22}x_2 + \cdots + a_{2n}x_n + a_{20} \\ &\vdots \\ F_t &= a_{t1}x_1 + a_{t2}x_2 + \cdots + a_{tn}x_n + a_{t0} \end{aligned}\right\} \tag{2-31}$$

令：$F=\begin{pmatrix}F_1\\F_2\\\vdots\\F_t\end{pmatrix}$；$X=\begin{pmatrix}x_1\\x_2\\\vdots\\x_n\end{pmatrix}$；$A_0=\begin{pmatrix}a_{10}\\a_{20}\\\vdots\\a_{t0}\end{pmatrix}$；$\underset{t\times n}{A}=\begin{pmatrix}a_{11}&a_{12}&\cdots&a_{1n}\\a_{21}&a_{22}&\cdots&a_{2n}\\\vdots&\vdots&&\vdots\\a_{t1}&a_{t2}&\cdots&a_{tn}\end{pmatrix}$

则式(2-31)可用矩阵表示为

$$\underset{t\times1}{F}=\underset{t\times n}{A}\underset{n\times1}{X}+\underset{t\times1}{A_0}\tag{2-32}$$

设有随机向量 X 的另 r 个线性函数为

$$\left.\begin{aligned}G_1&=b_{11}x_1+b_{12}x_2+\cdots+b_{1n}x_n+b_{10}\\G_2&=b_{21}x_1+b_{22}x_2+\cdots+b_{2n}x_n+b_{20}\\&\vdots\\G_r&=b_{r1}x_1+b_{r2}x_2+\cdots+b_{rn}x_n+b_{r0}\end{aligned}\right\}\tag{2-33}$$

同理式(2-33)可用矩阵表示为

$$\underset{r\times1}{G}=\underset{r\times n}{B}\underset{n\times1}{X}+\underset{r\times1}{B_0}\tag{2-34}$$

式(2-32)、式(2-34)中的 A_0、B_0、A、B 均为常数矩阵，则根据方差阵的定义和随机向量数学期望的性质，可得：

$$\left.\begin{aligned}\underset{t\times t}{D_{FF}}&=AD_{XX}A^{\mathrm{T}}\\\underset{r\times r}{D_{GG}}&=BD_{XX}B^{\mathrm{T}}\\\underset{t\times r}{D_{FG}}&=AD_{XX}B^{\mathrm{T}}\\\underset{r\times t}{D_{GF}}&=BD_{XX}A^{\mathrm{T}}\end{aligned}\right\}\tag{2-35}$$

【例 2-10】　以等精度观测了三角形的三个内角 L_1,L_2,L_3，其方差都是 σ^2，设 L_i 之间是互相独立的，试求平均分配闭合差之后的三个内角 $\hat{L}_1,\hat{L}_2,\hat{L}_3$ 的方差。

解：三角形闭合差为

$$\omega=L_1+L_2+L_3-180^\circ$$

平均分配闭合差之后的三个内角分别为

$$\hat{L}_1=L_1-\frac{\omega}{3}=\frac{1}{3}(2L_1-L_2-L_3)+60^\circ$$

$$\hat{L}_2=L_2-\frac{\omega}{3}=\frac{1}{3}(-L_1+2L_2-L_3)+60^\circ$$

$$\hat{L}_3=L_3-\frac{\omega}{3}=\frac{1}{3}(-L_1-L_2+2L_3)+60^\circ$$

将上式用矩阵表示，有

$$\underset{3\times1}{\hat{L}}=\underset{3\times3}{A}\underset{3\times1}{L}+\underset{3\times1}{A_0}$$

式中，$\hat{L}=\begin{pmatrix}\hat{L}_1\\ \hat{L}_2\\ \hat{L}_3\end{pmatrix}$；$A=\dfrac{1}{3}\begin{pmatrix}2&-1&-1\\-1&2&-1\\-1&-1&2\end{pmatrix}$；$A_0=\begin{pmatrix}60°\\60°\\60°\end{pmatrix}$；$L=\begin{pmatrix}L_1\\L_2\\L_3\end{pmatrix}$

由题意可知：$D_{LL}=\begin{pmatrix}\sigma^2&&\\&\sigma^2&\\&&\sigma^2\end{pmatrix}$，故应用协方差传播定律得

$$D_{\hat{L}\hat{L}}=\begin{pmatrix}\sigma_{\hat{L}_1}^2&\sigma_{\hat{L}_1\hat{L}_2}&\sigma_{\hat{L}_1\hat{L}_3}\\ \sigma_{\hat{L}_2\hat{L}_1}&\sigma_{\hat{L}_2}^2&\sigma_{\hat{L}_2\hat{L}_3}\\ \sigma_{\hat{L}_3\hat{L}_1}&\sigma_{\hat{L}_3\hat{L}_2}&\sigma_{\hat{L}_3}^2\end{pmatrix}$$

$$=\frac{1}{3}\begin{pmatrix}2&-1&-1\\-1&2&-1\\-1&-1&2\end{pmatrix}\times\begin{pmatrix}\sigma^2&&\\&\sigma^2&\\&&\sigma^2\end{pmatrix}\times\frac{1}{3}\begin{pmatrix}2&-1&-1\\-1&2&-1\\-1&-1&2\end{pmatrix}$$

$$=\frac{\sigma^2}{3}\begin{pmatrix}2&-1&-1\\-1&2&-1\\-1&-1&2\end{pmatrix}$$

由例2-10可知，在一个三角形中，观测了三个角度，平均分配闭合差后，平差值$\hat{L}_1$，$\hat{L}_2$，$\hat{L}_3$的方差均为$\dfrac{2\sigma^2}{3}$，平差值$\hat{L}_1$，$\hat{L}_2$，$\hat{L}_3$两两之间的协方差均为$-\dfrac{\sigma^2}{3}$。由此可见，应用协方差传播定律，可以同时求得各变量的方差及相互之间的协方差。

四、非线性函数情况下的协方差传播定律

前面在讨论方差传播定律时，都是从线性函数着手的，但在测量工作中还经常会遇到一些函数是非线性的情况。对于这类函数，只有将其线性化之后，才能应用上述的协方差传播定律。设有随机向量X的非线性函数为

$$z=f(X)=f(x_1,x_2,\cdots,x_n) \tag{2-36}$$

已知X的方差阵为D_{XX}，欲求z的方差D_{ZZ}。

设有$x_1,x_2,\cdots,x_n$有近似值$x_1^0,x_2^0,\cdots,x_n^0$，并将函数在此处按泰勒级数展开，仅取其一次项，则有

$$z=f(x_1^0,x_2^0,\cdots,x_n^0)+\left(\frac{\partial f}{\partial x_1}\right)_0(x_1-x_1^0)+\left(\frac{\partial f}{\partial x_2}\right)_0(x_2-x_2^0)+\cdots+\left(\frac{\partial f}{\partial x_n}\right)_0(x_n-x_n^0)$$

令：$k_i=\left(\dfrac{\partial f}{\partial x_i}\right)_0(i=1,2,\cdots,n)$；$k_0=f(x_1^0,x_2^0,\cdots,x_n^0)-\sum\limits_{i=1}^{n}\left(\dfrac{\partial f}{\partial x_i}\right)_0x_i^0$，则

$$z=k_1x_1+k_2x_2+\cdots+k_nx_n+k_0 \tag{2-37}$$

若记 $K=(k_1,k_2,\cdots,k_n)$；$X=(x_1,x_2,\cdots,x_n)^{\mathrm{T}}$，则式(2-37)可以用矩阵表示成

$$Z = KX + K_0 \tag{2-38}$$

故应用协方差传播定律可得

$$D_{ZZ} = KD_{XX}K^{\mathrm{T}} \tag{2-39}$$

因此，求非线性函数的方差，应先列出函数式，然后求全微分，再应用协方差传播定律求其方差。如果求随机向量 x 的 t 个非线性函数的协方差，应先对基本函数求全微分，再应用协方差传播定律求其协方差阵。

【例 2-11】 有一支导线如图 2-8 所示，图中 A 为已知点，T_0 为已知方位角，β 为观测角，其方差为 6.25 $('')^2$，观测边长 S 为 800.0 m，其方差为 1.0 cm^2，试求 P 点的点位方差。

由图 2-8 可知，P 点的点位方差有两种计算方法：$\delta_P^2=\delta_x^2+\delta_y^2=\delta_s^2+\delta_u^2$

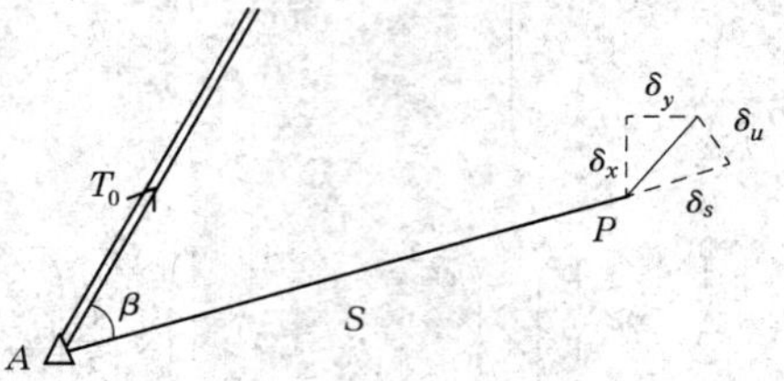

图 2-8　导线

解法一：由 P 点的坐标方差 δ_x^2,δ_y^2 计算 P 点的点位方差。

(1) 列函数式。由图 2-8 可知：

$$\left.\begin{aligned} x_P &= x_A + S\cos\alpha \\ y_P &= y_A + S\sin\alpha \\ \alpha &= T_0 + \beta \end{aligned}\right\}$$

(2) 对 x_P,y_P 求全微分。因 $\mathrm{d}\alpha=\mathrm{d}\beta$，故得

$$\left.\begin{aligned} \mathrm{d}x_P &= \cos\alpha\mathrm{d}S - \frac{S}{\rho}\sin\alpha\mathrm{d}\beta \\ \mathrm{d}y_P &= \sin\alpha\mathrm{d}S + \frac{S}{\rho}\cos\alpha\mathrm{d}\beta \end{aligned}\right\}$$

将以上二式写成矩阵表达式为

$$\left.\begin{aligned} \mathrm{d}x_P &= \begin{pmatrix}\cos\alpha, & -\frac{S}{\rho}\sin\alpha\end{pmatrix}\begin{pmatrix}\mathrm{d}S \\ \mathrm{d}\beta\end{pmatrix} \\ \mathrm{d}y_P &= \begin{pmatrix}\sin\alpha, & \frac{S}{\rho}\cos\alpha\end{pmatrix}\begin{pmatrix}\mathrm{d}S \\ \mathrm{d}\beta\end{pmatrix} \end{aligned}\right\}$$

(3) 应用协方差传播定律求 P 点坐标的方差 $\delta_{x_P}^2,\delta_{y_P}^2$。因为观测角 β 同观测边长 S 是相互独立的，则有

$$\begin{aligned} \delta_{x_P}^2 &= \begin{pmatrix}\cos\alpha, & -\frac{S}{\rho}\sin\alpha\end{pmatrix}\begin{pmatrix}1.0 & \\ & 6.25\end{pmatrix}\begin{pmatrix}\cos\alpha \\ -\frac{S}{\rho}\sin\alpha\end{pmatrix} \\ &= 1.0\cos^2\alpha + 6.25\frac{S^2}{\rho^2}\sin^2\alpha \end{aligned}$$

同理,可得

$$\delta_{y_P}^2 = 1.0\sin^2\alpha + 6.25\frac{S^2}{\rho^2}\cos^2\alpha$$

(4)计算 P 点的点位方差。因为 $\delta_P^2 = \delta_{x_P}^2 + \delta_{y_P}^2 = 1.0 + 6.25\frac{S^2}{\rho^2} = 1.94\ \text{cm}^2$,$P$ 点的点位均方差为

$$\delta_P = \pm 1.39\ \text{cm}$$

解法二:由 P 点的纵、横向方差计算 P 点的点位方差。

在图 2-8 中,P 点在 AP 边上的方差 δ_s^2 称为纵向方差,而在它的垂直方向上的方差 δ_u^2 为横向方差。横向方差是由 AP 边的方位角 α 的方差引起的。即

$$\delta_u^2 = \frac{S^2}{\rho^2}\delta_\alpha^2 = \frac{S^2}{\rho^2}\delta_\beta^2 = \frac{(800\times 10^2)^2\times 6.25}{206\ 265^2} = 0.94$$

因 $\delta_s^2 = 1.0$,故有

$$\delta_P^2 = \delta_s^2 + \frac{S^2}{\rho^2}\delta_\beta^2 = 1.94\ \text{cm}^2$$

即 $\delta_P = \pm 1.39$ cm。

根据以上讨论可以看出,应用协方差传播定律的具体步骤是:

(1)按题目的要求写出函数式。

(2)若是非线性函数,对函数式求全微分。

(3)将线性函数式或微分式写成矩阵形式。

(4)应用协方差传播定律,求函数的方差或协方差阵。

第三节　协因数与协因数传播定律

一、协因数与协因数阵

由权的定义可知,观测值的权与方差成反比。现有随机变量 x_i, x_j,它们的方差分别为 $\sigma_{x_i}^2, \sigma_{x_j}^2$,其相互之间的协方差为 $\sigma_{x_ix_j}$,其中 $i\neq j$。单位权方差为 σ_0^2,并令

$$\left.\begin{aligned} Q_{x_ix_i} &= \frac{1}{p_{x_i}} = \frac{\sigma_{x_i}^2}{\sigma_0^2} \\ Q_{x_jx_j} &= \frac{1}{p_{x_j}} = \frac{\sigma_{x_j}^2}{\sigma_0^2} \\ Q_{x_ix_j} &= \frac{1}{p_{x_ix_j}} = \frac{\sigma_{x_ix_j}}{\sigma_0^2} \end{aligned}\right\} \tag{2-40}$$

式中,$Q_{x_ix_i}, Q_{x_jx_j}$ 分别为变量 x_i, x_j 的协因数或权倒数,而称 $Q_{x_ix_j}$ 为 x_i 关于 x_j 的协因数或相关权倒数。以上三式又可写为

$$\left.\begin{aligned}\sigma_{x_i}^2 &= \sigma_0^2 Q_{x_ix_i}\\ \sigma_{x_j}^2 &= \sigma_0^2 Q_{x_jx_j}\\ \sigma_{x_ix_j}^2 &= \sigma_0^2 Q_{x_ix_j}\end{aligned}\right\}\tag{2-41}$$

由式(2-41)可以看出：随机变量的协因数 $Q_{x_ix_i}$ 和 $Q_{x_jx_j}$ 与其方差成正比，而随机变量相互之间的协因数 $Q_{x_ix_j}$ 与其协方差成正比。容易理解，协因数同权倒数有类似的作用，它们是比较观测值精度高低的一种指标。

将协因数的概念推广到 n 个观测量，可用矩阵的形式表示。今设有随机向量 $\underset{n\times 1}{X}$，其方差阵为 $\underset{n\times n}{D_{XX}}$，将式(2-41)代入方差阵 D_{XX}，则可得：

$$\underset{n\times n}{D_{XX}} = \begin{pmatrix}\sigma_{x_1}^2 & \sigma_{x_1x_2} & \cdots & \sigma_{x_1x_n}\\ \sigma_{x_2x_1} & \sigma_{x_2}^2 & \cdots & \sigma_{x_2x_n}\\ \vdots & \vdots & & \vdots\\ \sigma_{x_nx_1} & \sigma_{x_nx_2} & \cdots & \sigma_{x_n}^2\end{pmatrix} = \sigma_0^2\begin{pmatrix}Q_{x_1x_1} & Q_{x_1x_2} & \cdots & Q_{x_1x_n}\\ Q_{x_2x_1} & Q_{x_2x_2} & \cdots & Q_{x_2x_n}\\ \vdots & \vdots & & \vdots\\ Q_{x_nx_1} & Q_{x_nx_2} & \cdots & Q_{x_nx_n}\end{pmatrix}\tag{2-42}$$

若设 $\underset{n\times n}{Q_{XX}} = \begin{pmatrix}Q_{x_1x_1} & Q_{x_1x_2} & \cdots & Q_{x_1x_n}\\ Q_{x_2x_1} & Q_{x_2x_2} & \cdots & Q_{x_2x_n}\\ \vdots & \vdots & & \vdots\\ Q_{x_nx_1} & Q_{x_nx_2} & \cdots & Q_{x_nx_n}\end{pmatrix}$，则式(2-42)可写成

$$\underset{n\times n}{D_{XX}} = \sigma_0^2 \underset{n\times n}{Q_{XX}}\tag{2-43}$$

式中，$\underset{n\times n}{Q_{XX}}$ 为随机向量 $x_1, x_2, \cdots, x_n$ 的协因数阵。Q_{XX} 阵的主对角线元素为各变量 x_i 的权倒数，非对角线元素为 x_i 关于 $x_j(i\neq j)$ 两两变量的相关权倒数。

二、协因数传播定律

已知随机向量的协因数阵，如何求随机向量函数的协因数阵，这便是协因数传播定律要解决的问题。

设有随机向量 $\underset{n\times 1}{X}$ 的一个线性函数

$$z = k_1x_1 + k_2x_2 + \cdots + k_nx_n + k_0$$

用矩阵可表示为

$$Z = KX + k_0$$

根据协方差传播定律公式，Z 的方差为：$D_{ZZ} = KD_{XX}K^{\mathrm{T}}$，由式(2-43)可知

$$\left.\begin{aligned}D_{XX} &= \sigma_0^2 Q_{XX}\\ D_{ZZ} &= \sigma_0^2 Q_{ZZ}\end{aligned}\right\}\tag{2-44}$$

将式(2-44)代入式 $D_{ZZ} = KD_{XX}K^{\mathrm{T}}$，再约去 σ_0^2，即得

$$Q_{ZZ} = KQ_{XX}K^{\mathrm{T}}\tag{2-45}$$

将式(2-45)展开成纯量形式，并将 $Q_{x_ix_j}$ 简写成 Q_{ij}，则

$$Q_{ZZ} = k_1^2Q_{11} + k_2^2Q_{22} + \cdots + k_n^2Q_{nn} +$$

$$2k_1k_2Q_{12}+2k_1k_3Q_{13}+\cdots+2k_1k_nQ_{1n}+$$
$$2k_2k_3Q_{23}+\cdots+2k_2k_nQ_{2n}+\cdots+2k_{n-1}k_nQ_{(n-1)n}$$

当随机向量 X 中的各分量两两之间相互独立,它们之间的协因数为零时,z 的协因数为

$$Q_{ZZ}=k_1^2Q_{11}+k_2^2Q_{22}+\cdots+k_n^2Q_{nn}$$

根据式(2-40),上式中的协因数可用其权倒数代入,则有

$$\frac{1}{p_z}=k_1^2\frac{1}{p_1}+k_2^2\frac{1}{p_2}+\cdots+k_n^2\frac{1}{p_n} \tag{2-46}$$

式(2-46)就是独立观测值的权倒数与其函数的权倒数之间的关系式,通常称之为权倒数传播定律。

前面讨论了随机向量的一个线性函数,求其协因数(即权倒数)的问题。同讨论协方差传播定律一样,现设有随机向量:

$$\left.\begin{aligned}\underset{t\times1}{F}&=\underset{t\times n}{A}\,\underset{n\times1}{X}+\underset{t\times1}{A_0}\\ \underset{r\times1}{G}&=\underset{r\times n}{B}\,\underset{n\times1}{X}+\underset{r\times1}{B_0}\end{aligned}\right\}$$

因任一随机向量的协方差阵等于单位权方差因子 σ_0^2 与该向量的协因数阵的乘积。因此,可以很方便地由协方差传播定律公式得到协因数传播定律的公式

$$\left.\begin{aligned}\underset{t\times t}{Q_{FF}}&=AQ_{XX}A^{\mathrm{T}}\\ \underset{r\times r}{Q_{GG}}&=BQ_{XX}B^{\mathrm{T}}\\ \underset{t\times r}{Q_{FG}}&=AQ_{XX}B^{\mathrm{T}}\\ \underset{r\times t}{Q_{GF}}&=BQ_{XX}A^{\mathrm{T}}\end{aligned}\right\} \tag{2-47}$$

通常称式(2-45)、式(2-47)为协因数传播定律。

协方差传播定律和协因数传播定律,合称为广义传播定律。

【例 2-12】　在测站 O 上观测了 A、B、C、D 四个方向(见图 2-9),并得方向值 L_1、L_2、L_3、L_4。设各个方向值之间互相独立且等精度,其协因数阵为

$$\underset{4\times4}{Q_{LL}}=\begin{pmatrix}1&0&0&0\\0&1&0&0\\0&0&1&0\\0&0&0&1\end{pmatrix}$$

试求角度 $\beta=(\beta_1,\beta_2,\beta_3)^{\mathrm{T}}$ 的协因数阵。

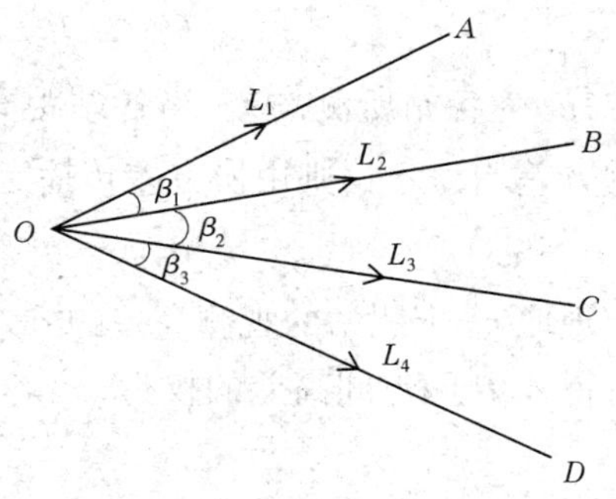

图 2-9　方向观测

解:按图 2-9 可写出角度与方向值之间的关系式为

$$\beta_1=-L_1+L_2$$
$$\beta_2=-L_2+L_3$$
$$\beta_3=-L_3+L_4$$

$$\begin{pmatrix}\beta_1\\ \beta_2\\ \beta_3\end{pmatrix}=\begin{pmatrix}-1 & 1 & 0 & 0\\ 0 & -1 & 1 & 0\\ 0 & 0 & -1 & 1\end{pmatrix}\begin{pmatrix}L_1\\ L_2\\ L_3\\ L_4\end{pmatrix}$$

按协因数传播定律式(2-47)得：

$$Q_{\beta\beta}=\begin{pmatrix}-1 & 1 & 0 & 0\\ 0 & -1 & 1 & 0\\ 0 & 0 & -1 & 1\end{pmatrix}\begin{pmatrix}1 & 0 & 0 & 0\\ 0 & 1 & 0 & 0\\ 0 & 0 & 1 & 0\\ 0 & 0 & 0 & 1\end{pmatrix}\begin{pmatrix}-1 & 0 & 0\\ 1 & -1 & 0\\ 0 & 1 & -1\\ 0 & 0 & 1\end{pmatrix}$$

$$=\begin{pmatrix}2 & -1 & 0\\ -1 & 2 & -1\\ 0 & -1 & 2\end{pmatrix}$$

例2-12说明，在一个测站上，当有两个以上方向时，由方向观测值求出的角值之间是相关的。

从上面的讨论可见，由于协因数传播定律与协方差传播定律在形式上基本相同，因此应用协因数传播定律的实际步骤也与协方差传播定律相同。

第四节　广义传播定律在测量中的应用

一、测量中常用的定权方法

（一）水准测量中高差之权的确定

若在 A、B 两点间进行水准测量，共设站 n 次，则 A、B 两水准点间高差等于各站的高差之和，即

$$h_{AB}=H_B-H_A=h_1+h_2+\cdots+h_n \tag{2-48}$$

式中，h_i 为各站所测高差，当各站距离大致相等时，这些观测高差可视为等精度，若设它们的方差均为 $\sigma_{站}^2$，则由协方差传播定律可得两点间高差的方差为

$$\sigma_{AB}^2=\sigma_{站}^2+\sigma_{站}^2+\cdots+\sigma_{站}^2=n\sigma_{站}^2 \tag{2-49}$$

现取 n_0 个测站的观测高差的方差为单位权方差，即取 $\sigma_0^2=n\sigma_{站}^2$，于是根据权的定义式可得 A、B 两点间高差的权为

$$p_{h_{AB}}=\frac{n_0\sigma_{站}^2}{n\sigma_{站}^2}=\frac{n_0}{n} \tag{2-50}$$

式(2-49)、式(2-50)说明：当各测站的观测高差精度相同时，水准测量中高差的方差与测站数成正比，其权与测站数成反比。

若水准路线敷设在平坦地区，则各站距离 s 大致相等，则近似地有全长 $S=ns$，测站数 $n=\dfrac{S}{s}$，则有

$$\sigma_{h_{AB}}^2 = \frac{S}{s}\sigma_{站}^2 = S\frac{1}{s}\sigma_{站}^2 \tag{2-51}$$

如果 S 及 s 均以 km 为单位，则 $\frac{1}{s}$ 表示单位距离（1 km）水准路线上的测站数。$\frac{1}{s}\sigma_{站}^2$ 就是 1 km 水准路线上观测高差的方差，通常用 σ_{km}^2 表示：$\sigma_{km}^2 = \frac{1}{s}\sigma_{站}^2$，代入式（2-51）就有

$$\sigma_{h_{AB}}^2 = S\sigma_{km}^2 \tag{2-52}$$

若取 S_0 上的水准观测高差的方差为单位权方差，即取 $\sigma_0^2 = S_0\sigma_{km}^2$，则得以距离定权的公式为

$$p_{h_{AB}} = \frac{S_0\sigma_{km}^2}{S\sigma_{km}^2} = \frac{S_0}{S} \tag{2-53}$$

式（2-52）、式（2-53）表明：当各测站距离大致相等、每千米观测高差的精度相同时，水准测量中高差的方差与距离成正比，高差的权与距离成反比。

【例 2-13】　设沿三条路线测得已知水准点 A 至所求点 P 的高差为 h_1, h_2, h_3，设这三条路线的距离分别为 4 km，2.5 km，5 km。求三个高差 h_1, h_2, h_3 的权 p_1, p_2, p_3。

解：由式（2-53），若取路线长为 1 km 时高差的权为 1，则得各高差的权为

h_1 的权：　$p_1 = \frac{1}{4} = 0.25$

h_2 的权：　$p_2 = \frac{1}{2.5} = 0.40$

h_3 的权：　$p_3 = \frac{1}{5} = 0.20$

若取路线长为 10 km 时高差的权为 1，则得各高差的权为

h_1 的权：　$p_1 = \frac{10}{4} = 2.5$

h_2 的权：　$p_2 = \frac{10}{2.5} = 4.0$

h_3 的权：　$p_3 = \frac{10}{5} = 2.0$

由此可见，选取的单位权不同，所得到各高差的权也不同，但各组权中权的比例关系不变。

（二）算术平均值或加权平均值之权的确定

设对一个量等精度独立观测了 n 次，其观测值分别为 $L_1, L_2, \cdots, L_n$，各观测值的方差均为 σ^2，现取 n 个观测值的算术平均值作为该量的最后结果。即

$$x = \frac{[L]}{n} = \frac{1}{n}(L_1 + L_2 + \cdots + L_n) \tag{2-54}$$

由协方差传播定律可得算术平均值的方差为

$$\sigma_x^2 = \frac{1}{n^2}\sigma^2 + \frac{1}{n^2}\sigma^2 + \cdots + \frac{1}{n^2}\sigma^2 = \frac{\sigma^2}{n} \tag{2-55}$$

若取 σ_0^2 为单位权中误差，则观测值的权为

$$p = \frac{\sigma_0^2}{\sigma^2} \tag{2-56}$$

算术平均值的权为

$$p_x = \frac{\sigma_0^2}{\sigma_x^2} \tag{2-57}$$

这样可得:

$$p_x = \frac{\sigma_0^2}{\frac{\sigma^2}{n}} = n\frac{\sigma_0^2}{\sigma^2} = np \tag{2-58}$$

可见,算术平均值的方差随着观测次数的增多而减少;算术平均值的权与观测值的次数成正比,是观测值的权的 n 倍。

设对某量以不等精度独立观测了 n 次,其观测值为 $L_1, L_2, \cdots, L_n$,各观测值的权为 p_1, $p_2, \cdots, p_n$。现取 n 个观测值的加权平均值作为该量的最后结果,即

$$x = \frac{1}{[p]}(p_1L_1 + p_2L_2 + \cdots + p_nL_n) = \frac{[pL]}{[p]} \tag{2-59}$$

应用权倒数传播定律得:

$$\frac{1}{p_x} = \frac{1}{[p]^2}\left(p_1^2\frac{1}{p_1} + p_2^2\frac{1}{p_2} + \cdots + p_n^2\frac{1}{p_n}\right) = \frac{1}{[p]} \tag{2-60}$$

即

$$p_x = [p] \tag{2-61}$$

可见,加权平均值的权等于各观测值权之和。

【例 2-14】 设对一个量等精度观测了 2 个结果,取算术平均值得 L_1,第二次在同样测量条件下对该量又测了 3 个结果,取算术平均值得 L_2,试求由 L_1 及 L_2 计算该量平差值时所需之权。

解:因上述各观测结果是在同样测量条件下取得的,故精度相等,设它们的权为 1。由式(2-58)即得:

2 个观测结果平均值 L_1 之权:$p_{L_1} = 2$;

3 个观测结果平均值 L_2 之权:$p_{L_2} = 3$。

(三)三角高程测量高差的权

设 A、B 为地面上两点,在 A 点观测 B 点的竖直角为 α,两点间的水平距离为 S,在不考虑仪器高和目标高的情况下,可得计算 A、B 两点间高差的基本公式为 $h = S \cdot \tan\alpha$,设 S 及 α 的中误差分别为 m_S 和 m_α,由式(2-30)可得

$$m_h^2 = \left(\frac{\partial h}{\partial S}\right)^2 m_s^2 + \left(\frac{\partial h}{\partial \alpha}\right)^2\left(\frac{m''_\alpha}{\rho''}\right)^2 \tag{2-62}$$

因

$$\frac{\partial h}{\partial S} = \tan\alpha$$

$$\frac{\partial h}{\partial \alpha} = S \cdot \sec^2\alpha$$

代入式(2-62)得

$$m_h^2 = \tan^2\alpha \cdot m_s^2 + S^2 \cdot \sec^4\alpha\left(\frac{m''_\alpha}{\rho''}\right)^2 \tag{2-63}$$

式(2-63)在实际应用时，由于距离 S 的误差远小于竖直角 α 的误差，所以第一项可忽略不计；又竖直角 α 一般小于5°，可认为 $\sec\alpha \approx 1$，故得

$$m_h^2 = S^2 \cdot \left(\frac{m''_\alpha}{\rho''}\right)^2$$

或

$$m_h = S \cdot \left(\frac{m''_\alpha}{\rho''}\right) \tag{2-64}$$

这就是单向观测高差的中误差公式。即三角高程测量中单向高差的中误差，等于以弧度表示竖直角的中误差乘以两三角点间的距离。或者说，当竖直角的观测精度一定时，三角高程测量所得高差的中误差与三角点间的距离成正比。由此得到高差的权。

$$p_h = \frac{S_0^2}{S^2} \tag{2-65}$$

通常取 $S_0 = 10$ km。

二、由改正数计算单位权中误差

首先讨论根据不等精度观测值的真误差 Δ_i，计算单位权中误差的公式。根据权的定义式(2-12)，有 $m_i^2 = \dfrac{\mu^2}{p_i}$($\mu$ 为单位权中误差)，可见，如果单位权中误差已知，则不难求得各观测值的中误差。

设有一组不等精度的独立观测值为 $L_1, L_2, \cdots, L_n$，已知它们的真误差为 $\Delta_1, \Delta_2, \cdots, \Delta_n$，它们的权为 $p_1, p_2, \cdots, p_n$。为了求单位权中误差，就需要得到一组精度相同，且其权为1的独立真误差。有了这样一组真误差，便可根据式(2-3)来求 μ。

为此，用$\sqrt{p_i}$乘以 L_i 得一组新数值 L'_i，即

$$L'_i = \sqrt{p_i} L_i \quad (i = 1, 2, \cdots, n) \tag{2-66}$$

则 L'_i的真误差为

$$\Delta'_i = \sqrt{p_i} \Delta_i \tag{2-67}$$

按权倒数传播定律，可得 L'_i的权倒数为$\dfrac{1}{p'_i} = (\sqrt{p_i})^2 \dfrac{1}{p_i} = 1$，由此得 $p'_i = 1$。可见，L'_i 为单位权观测值，Δ'_i为单位权观测值的真误差。因此，根据误差定义公式可得

$$\mu = \sqrt{\frac{[\Delta'\Delta']}{n}} = \sqrt{\frac{[p\Delta\Delta]}{n}} \tag{2-68}$$

式(2-68)便是根据一组不同精度的真误差计算单位权中误差的基本公式。

上面推导出的公式(2-68)，只有当观测值的真误差 Δ 为已知时，才能求得单位权中误差。但在一般情况下，观测值的真误差 Δ 是不知道的，而观测值的改正数 v 是可以求得的。为了衡量精度必须找出能利用改正数计算单位权中误差的公式。用 x 表示真值，$\hat{x}$ 表示平差值，则

$$\Delta_i = x - L_i \tag{2-69}$$

$$v_i = \hat{x} - L_i \tag{2-70}$$

则

$$\Delta_i = v_i + (x - \hat{x})$$

其中$(x-\hat{x})$为$\hat{x}$的真误差，记为$\Delta_{\hat{x}}$，则

$$\Delta_i = v_i + \Delta_{\hat{x}} \quad (i = 1,2,\cdots,n)$$

将上式两边平方并乘以相应的权p_i，再对n个式子求和，得

$$[p\Delta\Delta] = [pvv] + 2[pv]\Delta_{\hat{x}} + [p]\Delta_{\hat{x}}^2 \tag{2-71}$$

对式(2-70)两边同乘p_i并求和得

$$[pv] = [p]\hat{x} - [pL]$$

因为$\hat{x}=\frac{[pL]}{[p]}$，则$[pv]=0$。于是式(2-71)可以写为

$$[pvv] = [p\Delta\Delta] - [p]\Delta_{\hat{x}}^2 \tag{2-72}$$

式(2-72)中$\Delta_{\hat{x}}^2$差值是$\hat{x}$真误差的平方。由于真值不知道，因此$\Delta_{\hat{x}}^2$也无法求得。在这里用$\hat{x}$的中误差的平方$m_{\hat{x}}^2$来代替，于是得

$$[pvv] = [p\Delta\Delta] - [p]m_{\hat{x}}^2 = [p\Delta\Delta] - [p]\frac{\mu^2}{p_{\hat{x}}} \tag{2-73}$$

由式(2-68)知$\mu^2 n=[p\Delta\Delta]$，而式(2-73)中的$[p]=p_{\hat{x}}$，故式(2-73)可写为

$$\mu = \pm\sqrt{\frac{[pvv]}{n-1}} \tag{2-74}$$

这就是改正数计算单位权中误差的实用公式。若观测值为对一个量等精度观测的结果，则可以认为其权相等且为1，式(2-74)可写成

$$\mu = m = \pm\sqrt{\frac{[vv]}{n-1}} \tag{2-75}$$

这就是求观测值中误差的白塞尔公式。

式(2-74)是在对一个量进行n次不等精度观测的情况下求单位权中误差的计算式。式中n是观测次数，1可理解为必要观测数，$n-1$是多余观测的个数。若对多个量进行了不等精度观测，当观测量总数为n，必要观测的个数为t时，可以证明单位权中误差的计算公式为

$$\mu = \pm\sqrt{\frac{[pvv]}{n-t}} \tag{2-76}$$

三、由真误差计算观测值的中误差

在一般情况下，由于观测量的真值(或数学期望)是不知道的，因此真误差也就无法知道，这时也就不能直接利用前边列举的公式计算方差或中误差的估值了。然而，在某些情况下，由若干个观测量(例如角度、长度、高差等)所构成的函数，其真值有时是已知的，因而其真误差也是可以求得的。例如，一个平面三角形三个内角之和的真值为180°，由三个内角观测值算得的三角形闭合差，就是三个内角观测值之和的真误差。在这种情况下就有可能根据闭合差(真误差)算出实际作业中所需要求得的某些观测值的中误差。

下面介绍在测量工作中常用的两种根据有限个真误差计算中误差(估值)的公式。

(一)由三角形闭合差计算测角中误差

设在一个三角网中,以同精度独立地观测了各三角形的内角,中误差均为 m,由各观测角值计算而得的三角形内角和的闭合差分别为 $\omega_1,\omega_2,\cdots,\omega_n$,则

$$\omega_i = A_i + B_i + C_i - 180^\circ \quad (i = 1,2,\cdots,n)$$

根据独立等精度的假设,A_i、B_i、C_i 的中误差都等于 m,所以 ω_i 的中误差为

$$m_\omega = \sqrt{3}m$$

即

$$m = \frac{m_\omega}{\sqrt{3}} \tag{2-77}$$

又因为闭合差为真误差,故由中误差定义得闭合差的中误差为

$$m_\omega = \pm\sqrt{\frac{[\omega\omega]}{n}}$$

代入式(2-77)得

$$m = \pm\sqrt{\frac{[\omega\omega]}{3n}} \tag{2-78}$$

(二)由双次观测值之差计算中误差

在测量工作中,常常对一系列被观测量分别进行成对的观测。例如,在水准测量中对各段高差进行往、返观测;在导线测量中每条边测量两次;检验经纬仪的照准两次、读数两次等。这种成对的观测,称为双次观测,对同一个量所进行的两次观测,称为一个观测对。由于一系列观测值都是成对的,因此可采用各观测对之差估计精度。

设对量 $x_1,x_2,\cdots,x_n$ 各观测两次,得独立观测值为

$$L_1',L_2',\cdots,L_n'$$
$$L_1'',L_2'',\cdots,L_n''$$

其中观测对 L_i'与 L_i''是对量 x_i 的两次观测的结果。又假定同一观测对的两个观测值 L_i'与 $L_i''(i=1,2,\cdots,n)$精度相同,其权为 p_i,而非同对的观测值之间精度不同,即权 p_i 的数值随 i 的不同而异。

由此得各对观测值之差为

$$d_i = L_i' - L_i'' \quad (i = 1,2,\cdots,n)$$

则相应的权为

$$p_{d_i} = \frac{p_i}{2}$$

显然,各 d_i 的精度也不同,因差数 d_i 的真值为零,所以差数 d_i 是权为 p_{d_i}的真误差,则单位中误差为

$$\mu = \pm\sqrt{\frac{[p_d dd]}{n}}$$

即

$$\mu = \pm\sqrt{\frac{[pdd]}{2n}} \tag{2-79}$$

式中,p_i 为 L_i'与 L_i''的权,n 是观测对的个数。

有了单位权中误差 μ,即可求得各观测值 L_i'与 L_i''的中误差为

$$m_{L_i'} = m_{L_i''} = \mu \sqrt{\frac{1}{p_i}}$$

而第 i 对观测值的平均值 $x_i = \frac{L_i' + L_i''}{2}$ 的中误差为

$$m_{x_i} = \frac{m_{L_i}}{\sqrt{2}} = \mu \sqrt{\frac{1}{2p_i}}$$

如果所有的观测值 L_i' 与 $L_i''(i=1,2,\cdots,n)$ 都是等精度的，可令它们的权 p_i 都等于 1，则等精度双次观测值的中误差 m_L 为

$$m_L = \pm \sqrt{\frac{[dd]}{2n}}$$

【例 2-15】 在 A、B 两点间分五段进行水准测量，每段均进行往、返观测。所得结果如表 2-1所示。试求：①每千米观测高差的中误差；②第二段观测高差的中误差；③第二段高差的平均值的中误差；④全长单次（往测或返测）观测高差的中误差；⑤全长高差平均值的中误差。

表 2-1　水准测量

段号	距离 (km)	观测高差（往）(m)	观测高差（返）(m)	d_i (mm)	d_id_i	$p_id_id_i = \frac{d_id_i}{s_i}$
1	4. 0	3. 248	3. 240	8	64	16. 0
2	3. 2	0. 348	0. 356	-8	64	20. 0
3	2. 0	1. 444	1. 437	7	49	24. 5
4	2. 6	-3. 360	-3. 352	-8	64	24. 6
5	3. 4	-3. 699	-3. 704	5	25	7. 4
Σ	15. 2					92. 5

解：令 $C=1$，即令 1 km 观测高差为单位权观测值。其数字计算列于表 2-1 中。

（1）单位权中误差（每千米观测高差的中误差）为

$$\mu = m_{1\text{ km}} = \pm \sqrt{\frac{[pdd]}{2n}} = \pm \sqrt{\frac{92.5}{2 \times 5}} = \pm 3.0(\text{mm})$$

（2）第二段观测高差的中误差为

$$m_2 = \mu \sqrt{\frac{1}{p_2}} = \pm 3.0\sqrt{3.2} = \pm 5.4(\text{mm})$$

（3）第二段高差平均值的中误差为

$$m_{x_2} = \frac{m_2}{\sqrt{2}} = \pm 3.8(\text{mm})$$

（4）全长一次观测高差的中误差为

$$m_{全} = m_{1\text{ km}} \sqrt{[S]} = \pm 3.0\sqrt{15.2} = \pm 11.7(\text{mm})$$

(5)全长高差平均值的中误差为

$$m_{x_{全}} = \frac{m_{全}}{\sqrt{2}} = \frac{\pm 11.7}{\sqrt{2}} = \pm 8.3(\text{mm})$$

四、若干独立误差的联合影响

在探讨偶然误差性质时曾指出,观测中的偶然误差常常产生于若干个主要误差来源,而每一误差来源又是由其他许许多多偶然因素所影响。如用经纬仪观测一个方向的误差主要来源于仪器结构误差、照准误差、读数误差、目标偏心差以及自然条件变化所引起的误差等。一个方向的观测误差就是这些主要误差的代数和。就一般而言,设 Δ_1, Δ_2,…,Δ_n 为观测时的一些独立误差,则总的观测误差是这些独立误差的代数和,即

$$\Delta_z = \Delta_1 + \Delta_2 + \cdots + \Delta_n$$

由于这里的误差相互独立,且都是随机误差,因而可应用误差传播定律,并顾及 $m_{ij}=0$ 得

$$m_z^2 = m_1^2 + m_2^2 + \cdots + m_n^2$$

上式即是受一些独立误差联合影响的观测结果的中误差计算式。

【例 2-16】 对一个方向观测所产生的误差,是以下几项独立误差影响的:仪器结构误差 $\Delta_{仪}$、照准误差 $\Delta_{照}$、读数误差 $\Delta_{读}$、外界条件变化影响产生的误差 $\Delta_{外}$。已知各误差所对应的中误差为:$m_{仪} = \pm 3.0''$,$m_{照} = \pm 2.4''$,$m_{读} = \pm 6.0''$,$m_{外} = \pm 3.0''$。则对任一方向观测一次结果的误差为

$$\Delta_{方} = \Delta_{仪} + \Delta_{照} + \Delta_{读} + \Delta_{外}$$

则可求得:

$$\begin{aligned} m_{方} &= \pm \sqrt{m_{仪}^2 + m_{照}^2 + m_{读}^2 + m_{外}^2} \\ &= \pm \sqrt{(3.0'')^2 + (2.4'')^2 + (6.0'')^2 + (3.0'')^2} \\ &= \pm 7.7'' \end{aligned}$$

习　题

1. 什么是精度? 通常采用哪几种指标来衡量精度? 它们各自是怎样定义的?

2. 为什么要引入相对误差? 其使用价值何在?

3. 在相同的观测条件下,对同一个量进行若干次观测得到一组观测值,这些观测值的精度是否相同? 能否认为误差小的观测值比误差大的观测值精度高?

4. 设观测一个三角锁共 15 个三角形,其闭合差如表 2-2 所示。求三角形闭合差的中误差、平均误差及或然误差。

5. 有一段距离,其观测值及其中误差为 543.675 m ±15 mm。试估计这个观测值的真误差的实际可能出现的范围是多少? 并求出该观测值的相对中误差。

6. 已知两段距离的长度及其中误差分别为 230.465 m ±4.5 mm 及 846.215 m ±4.5 mm,试说明这两段距离的精度是否匹配。

表 2-2　三角锁闭合差

三角形编号	闭合差(″)	三角形编号	闭合差(″)	三角形编号	闭合差(″)
1	−1.4	6	−0.8	11	−0.4
2	+0.8	7	−0.3	12	−0.7
3	−1.0	8	+0.5	13	+1.6
4	+0.4	9	−0.2	14	+2.0
5	−1.8	10	+1.1	15	+0.6

7. 在导线测量中，已知测定的距离及其中误差为 200 m ±0.04 mm，问角度应该以什么样的精度测量才能使点位纵、横向精度相等。

8. 设三角形三个内角的中误差分别为 $m_A = \pm 2.0''$，$m_B = \pm 4.0''$，$m_C = \pm 8.0''$，取 m_A 为单位权中误差，求各角的权。

9. 设某角度观测值的中误差 $m = \pm 1.5''$，其权为 4，求单位权中误差 μ。

10. 什么是协方差传播定律？其主要用来解决什么问题？

11. 下列各式中的 $L_i(i=1,2,3)$ 均为等精度独立观测值，其中误差为 m，试求 X、Y 和 t 的中误差。

(1) $X = \frac{1}{2}(L_1 + L_2) + L_3$

(2) $Y = L_1^2 - 2L_2 + 5$

(3) $t = X + Y$

12. 设有观测值向量 $\underset{3\times1}{L} = (L_1, L_2, L_3)^{\mathrm{T}}$，其协方差阵为 $D_{LL} = \begin{pmatrix} 4 & 0 & 0 \\ 0 & 3 & 0 \\ 0 & 0 & 2 \end{pmatrix}$，试分别求函数 $F_1 = L_1 - 3L_3$ 的方差。

13. 设有观测值向量 $\underset{3\times1}{L} = (L_1, L_2, L_3)^{\mathrm{T}}$，其协方差阵为 $D_{LL} = \begin{pmatrix} 6 & -1 & -2 \\ -1 & 4 & 1 \\ -2 & 1 & 2 \end{pmatrix}$，试求函数 $F = L_1 + 3L_2 - 2L_3$ 的方差。

14. 何谓协因数传播定律？其主要用来解决什么问题？

15. 已知观测值向量 $\underset{2\times1}{L}$ 的协因数阵为 $Q_{LL} = \begin{pmatrix} 3 & -1 \\ -1 & 2 \end{pmatrix}$，试求观测值的权 p_{L_1} 和 p_{L_2}。

16. 已知观测值向量 $\underset{2\times1}{L}$ 的权阵为 $P_{LL} = \begin{pmatrix} 5 & -2 \\ -2 & 4 \end{pmatrix}$，试求观测值的权 p_{L_1} 和 p_{L_2}。

17. 已知观测值向量 $\underset{3\times1}{L}$ 的协方差阵为 $D_{LL} = \begin{pmatrix} 6 & 0 & -2 \\ 0 & 4 & 1 \\ -2 & 1 & 2 \end{pmatrix}$，单位权方差 $\sigma_0^2 = 2$，现有函数 $F = L_1 + 3L_2 - 2L_3$，试求：

(1)函数 F 的方差 D_F 和协因数 Q_F；

(2)函数 F 关于观测值向量 $\underset{3\times1}{L}$ 的协方差阵 D_{FL} 和协因数阵 Q_{FL}。

18. 设有一系列不等精度的独立观测值 L_1、L_2 和 L_3，它们的权分别为 p_1、p_2 和 p_3，试求下列各函数的权倒数：

(1) $X=3L_1$

(2) $Y=\frac{1}{2}(L_1+L_2)+L_3$

(3) $Z=X-Y$

19. 权是怎样定义的？权与中误差有何关系？有了中误差为什么还要讨论权？

20. 在相同观测条件下，应用水准测量测定了三角点 A、B、C 之间的高差，设该三角形边长分别为 $S_1=10$ km，$S_2=8$ km，$S_3=4$ km，令 40 km 的高差观测值为单位权观测，试求各段观测高差之权及单位权中误差。

21. 设 n 个同精度观测值的权为 p，其算术平均值的权为 $\bar{p}$，问 p 与 $\bar{p}$ 的关系如何？

22. 设对 A 角观测 4 次，取平均得 α 值，每次观测中误差为 $\pm3''$。对 B 角观测 9 次，取平均得 β 值，每次观测中误差为 $\pm4''$。试确定 α、β 的权各是多少？

23. 有一水准路线分三段进行测量，每段均做往、返观测，观测值如表 2-3 所示。

表 2-3　水准路线观测值

路线长度(km)	往测高差(m)	返测高差(m)
2.2	2.563	-2.565
5.3	-1.517	1.513
1.0	2.526	-2.526

令 2 km 观测高差的权为单位权，试求：

(1)单位权中误差；

(2)各段一次观测高差中误差；

(3)各段高差平均值的中误差；

(4)全长一次观测高差的中误差；

(5)全长高差平均值的中误差。

第三章　参数平差

第一节　概　述

参数平差也称间接平差，是测量数据处理的基本方法，在实际测量工程中应用广泛。

参数平差就是选取与观测值有一定关系的未知量作为参数，然后分别列出这些未知参数与全部观测值的关系式，按最小二乘原理，解出这些未知参数的平差值，并作出相应的精度评定。由于所选取的参数常常不是直接观测值，所以这种平差方法又叫间接平差。

为了更好地理解参数平差的概念，我们先看几个简单的例子。

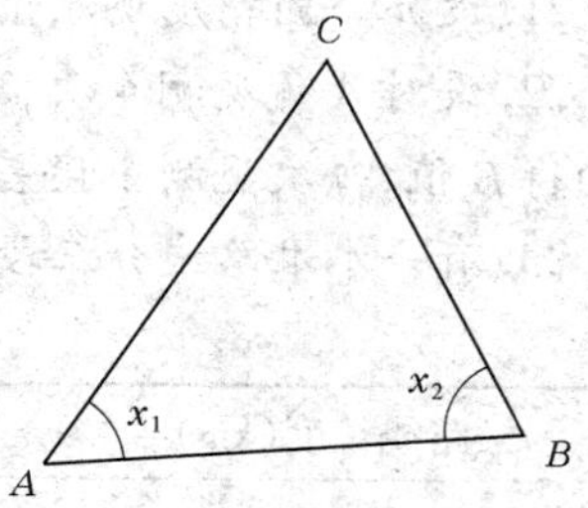

图 3-1　平面三角形

【例 3-1】　如图 3-1 所示，在一平面三角形内等精度观测了三个内角，观测值分别为 L_1, L_2, L_3，现求这三个角度的平差值。

由于在一平面三角形内，只要求出任意两个角的平差值，则由 180°减去这两个角的平差值即得第三个角的平差值。现取其中任两个角的平差值为待定参数，并分别用 $\hat{x}_1$ 及 $\hat{x}_2$ 表示。在理想的情况下应有

$$L_1 = \hat{x}_1$$
$$L_2 = \hat{x}_2$$
$$L_3 = -\hat{x}_1 - \hat{x}_2 + 180^\circ$$

其中第三个方程，可以看作是由“多余观测”所导致的。由于观测有误差，上面方程的个数多于未知数的个数，这三个方程一般是矛盾的(除非三个观测值之和恰好为 180°)，必须对观测值作必要的修正，才能使三个方程同时得到满足。设观测值 L_1, L_2, L_3 的改正数为 v_1, v_2, v_3，可将上面的式子改写成

$$\left.\begin{aligned} L_1 + v_1 &= \hat{x}_1 \\ L_2 + v_2 &= \hat{x}_2 \\ L_3 + v_3 &= -\hat{x}_1 - \hat{x}_2 + 180^\circ \end{aligned}\right\}$$

或

$$\left.\begin{aligned} v_1 &= \hat{x}_1 - L_1 \\ v_2 &= \hat{x}_2 - L_2 \\ v_3 &= -\hat{x}_1 - \hat{x}_2 + 180^\circ - L_3 \end{aligned}\right\} \tag{3-1}$$

式(3-1)就是未知参数 $\hat{x}_1, \hat{x}_2$ 与观测值及其改正数之间的关系式，通常称为误差方程式或改正数方程式。

根据误差方程式,就可以按最小二乘原理,以 $\sum_{i=1}^{n} v_i^2 = \min$ 的原则,求出 $\hat{x}_1,\hat{x}_2$ 的解。

【例 3-2】 如图 3-2 所示的水准网,A 为已知水准点,P_1,P_2 为未知水准点,观测高差为 h_1,h_2,h_3(其中箭头指向高程增加方向),试求 P_1,P_2 点的高程。

可以看出,只要观测两段高差,就可求出 P_1,P_2 点的高程。选取 P_1,P_2 点的高程平差值 H_{P_1},H_{P_2} 为未知参数 $\hat{x}_1,\hat{x}_2$,则有关系式

$$\left.\begin{aligned} h_1+v_1&=\hat{x}_1-H_A\\ h_2+v_2&=\hat{x}_2-\hat{x}_1\\ h_3+v_3&=\hat{x}_2-H_A \end{aligned}\right\}$$

或

$$\left.\begin{aligned} v_1&=\hat{x}_1-H_A-h_1\\ v_2&=-\hat{x}_1+\hat{x}_2-h_2\\ v_3&=\hat{x}_2-H_A-h_3 \end{aligned}\right\} \tag{3-2}$$

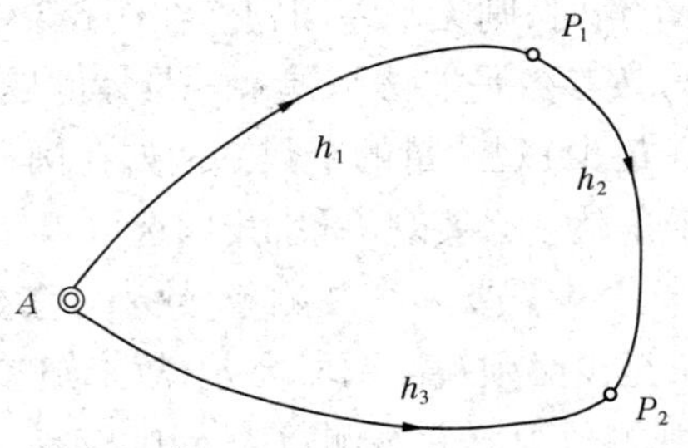

图 3-2　水准网

根据此误差方程式,按最小二乘原理,就可求得未知参数 $\hat{x}_1,\hat{x}_2$。

【例 3-3】 如图 3-3 所示,设从三个已知点 P_1,P_2,P_3,对未知点 P 进行距离测量,观测值为 s_1,s_2,s_3。三个已知点坐标分别为 $P_1(x_1,y_1),P_2(x_2,y_2),P_3(x_3,y_3)$,求 P 点的坐标$(\hat{x},\hat{y})$。

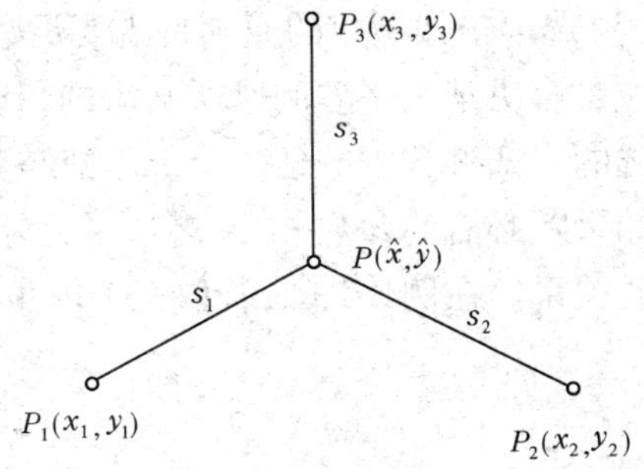

图 3-3　距离测量

显然有两个观测值就可以求出 P 点坐标(通常有两组解,舍弃不符合实际情况者)。现观测了三条边,故有一个多余观测。我们选取 P 点坐标平差值 $\hat{x}$ 及 $\hat{y}$ 为待定参数,则有关系式

$$\left.\begin{aligned} s_1+v_1&=\sqrt{(\hat{x}-x_1)^2+(\hat{y}-y_1)^2}\\ s_2+v_2&=\sqrt{(\hat{x}-x_2)^2+(\hat{y}-y_2)^2}\\ s_3+v_3&=\sqrt{(\hat{x}-x_3)^2+(\hat{y}-y_3)^2} \end{aligned}\right\}$$

将上式改写成

$$\left.\begin{aligned} v_1&=\sqrt{(\hat{x}-x_1)^2+(\hat{y}-y_1)^2}-s_1\\ v_2&=\sqrt{(\hat{x}-x_2)^2+(\hat{y}-y_2)^2}-s_2\\ v_3&=\sqrt{(\hat{x}-x_3)^2+(\hat{y}-y_3)^2}-s_3 \end{aligned}\right\} \tag{3-3}$$

根据该误差方程式,依据最小二乘原理,就可以求得参数 $\hat{x}$ 及 $\hat{y}$。这里,观测量是距离,而我们选取的参数是未知点的坐标。

概括起来说,参数平差的基本方法,就是首先依据具体问题选取一组未知数作为参数,列出这些未知参数与全部观测量之间的关系式,即误差方程,然后根据这些关系式按

最小二乘原理,求出各未知参数的值,最后依各改正数求出各观测量的平差值,并估计精度。

为了正确应用参数平差的方法解决实际问题,我们进一步作如下说明:

(1)任何平差,都是在有多余观测的基础上进行的。如图 3-1 中,当一平面三角形中只测两个角时,则无平差问题。在例 3-3 中,若只测两条边,也没有平差问题。

(2)按参数平差法平差某一具体问题时,未知参数的数目是固定的,它等于该问题中必须的(最少)观测量的个数。例如在例 3-1 中,确定一个平面三角形,至少需要观测两个角,两个角就是必要观测量,我们选取未知参数的个数即应为 2。在例 3-3 中,要确定一个点的坐标至少需要两个观测量,故未知参数的个数也是 2 个。在例 3-2 中,要确定两个点的高程,至少必须观测两段高差,故未知参数为 2 个。一般情况下,设未知参数的个数为 t,多余观测数为 r,总观测数为 n,则应有

$$n = t + r$$

或

$$r = n - t$$

未知参数的选择,依据实际问题而定。可选取观测量(见例 3-1),也可选取非观测量(见例 3-2 和例 3-3)。未知参数的选择方式不同,误差方程式的形式就不同。

(3)选取未知参数的原则是既要足数,还要保证函数独立。所谓足数,即选取的未知参数应是解决某一平差问题所必需的,其个数应等于必需观测量的个数;所谓函数独立,即所选的未知参数中的任一个都不能与其他参数构成函数关系。

如果除必需的参数外,又多选了另外的参数,则多出的参数与必需参数间必然有一定的函数关系。在例 3-1 中,若取三个内角的平差值作为未知参数,设为 $\hat{x}_1, \hat{x}_2, \hat{x}_3$,则有

$$\left.\begin{aligned} v_1 &= \hat{x}_1 - L_1 \\ v_2 &= \hat{x}_2 - L_2 \\ v_3 &= \hat{x}_3 - L_3 \end{aligned}\right\} \tag{1}$$

且有

$$\hat{x}_1 + \hat{x}_2 + \hat{x}_3 - 180° = 0 \tag{2}$$

显然,从式(2)中解出 $\hat{x}_3$,代入式(1)即可得到式(3-1)。而若将式(1)、式(2)一起平差求 $\hat{x}_1, \hat{x}_2, \hat{x}_3$,这属于具有约束条件的参数平差,解算方法见第五章。

(4)在确定了未知参数之后,要建立这些未知参数与所有观测值之间的数学关系式(即误差方程式)。这些关系式可以是线性的,见式(3-1)和式(3-2),也可以是非线性的,见式(3-3)。为了使平差简便,在平差中总是将非线性式进行线性化。

(5)有了误差方程,即可按 $V^{\mathrm{T}}PV = \min$ 解出各未知参数。

(6)由平差的基本任务可知,在求出各未知参数后,还要评定观测结果和平差结果的精度,即进行精度估计。

第二节 参数平差原理

一、基本数学模型——误差方程

设某平差问题中,有 n 个独立观测值 $L_1,L_2,\cdots,L_n$,其相应的权为 $p_1,p_2,\cdots,p_n$,相应的改正数为 $v_1,v_2,\cdots,v_n$,假设该问题的必要观测数为 t,则选择 t 个未知参数,设为 $\hat{x}_1,\hat{x}_2,\cdots,\hat{x}_t(t<n)$。

根据具体问题,可以列出各未知参数与每个观测量的关系式,其一般形式可以表示如下:

$$\left.\begin{aligned}L_1+v_1&=a_1\hat{x}_1+b_1\hat{x}_2+\cdots+t_1\hat{x}_t+d_1\\L_2+v_2&=a_2\hat{x}_1+b_2\hat{x}_2+\cdots+t_2\hat{x}_t+d_2\\&\vdots\\L_n+v_n&=a_n\hat{x}_1+b_n\hat{x}_2+\cdots+t_n\hat{x}_t+d_n\end{aligned}\right\}\tag{3-4}$$

式中:$a_i,b_i,\cdots,t_i(i=1,2,\cdots,n)$为各未知参数的系数,$d_i$ 为理论常数,它们可以根据具体的平差问题来确定。例如在式(3-1)中,相应的系数及理论常数分别为

$$\begin{aligned}&a_1=1\quad b_1=0\quad d_1=0\\&a_2=0\quad b_2=1\quad d_2=0\\&a_3=-1\quad b_3=-1\quad d_3=180^\circ\end{aligned}$$

若设

$$V=\begin{pmatrix}v_1\\v_2\\\vdots\\v_n\end{pmatrix},\hat{X}=\begin{pmatrix}\hat{x}_1\\\hat{x}_2\\\vdots\\\hat{x}_n\end{pmatrix},L=\begin{pmatrix}L_1\\L_2\\\vdots\\L_n\end{pmatrix},D=\begin{pmatrix}d_1\\d_2\\\vdots\\d_n\end{pmatrix}$$

$$A=\begin{pmatrix}a_1&b_1&\cdots&t_1\\a_2&b_2&\cdots&t_2\\\vdots&\vdots&&\vdots\\a_n&b_n&\cdots&t_n\end{pmatrix}$$

则式(3-4)移项后写成矩阵形式为

$$V=A\hat{X}+D-L\tag{3-5}$$

其中 $D-L$ 是方程的常数部分,令

$$l=\begin{pmatrix}l_1\\l_2\\\vdots\\l_n\end{pmatrix}=\begin{pmatrix}d_1-L_1\\d_2-L_2\\\vdots\\d_n-L_n\end{pmatrix}=D-L$$

则式(3-5)可写为

$$V = A\hat{X} + l \tag{3-6}$$

这就是参数平差的基本数学模型,其纯量形式为

$$\left.\begin{aligned} v_1 &= a_1\hat{x}_1 + b_1\hat{x}_2 + \cdots + t_1\hat{x}_t + l_1 \\ v_2 &= a_2\hat{x}_1 + b_2\hat{x}_2 + \cdots + t_2\hat{x}_t + l_2 \\ &\vdots \\ v_n &= a_n\hat{x}_1 + b_n\hat{x}_2 + \cdots + t_n\hat{x}_t + l_n \end{aligned}\right\} \tag{3-7}$$

其中

$$l_i = d_i - L_i \quad (i = 1, 2, \cdots, n) \tag{3-8}$$

基本数学模型式(3-6)或式(3-7),通常称作误差方程。l_i 称为误差方程的自由项,l 称为误差方程的自由项向量,它们是误差方程的已知部分。

二、参数估值公式——法方程

在式(3-7)的 n 个方程中,需要求解 t 个未知参数 $\hat{x}_1, \hat{x}_2, \cdots, \hat{x}_t$ 和 n 个改正数 $v_1, v_2, \cdots, v_n$,即总的未知数有 $n+t$ 个,所以该方程式是不定解方程组,其解有无穷多个。为了得到唯一解,就须加入一限制条件,即最小二乘原理,$V^{\mathrm{T}}PV = \min$(等精度观测时为 $V^{\mathrm{T}}V = \min$)。

下面根据最小二乘原理求满足 $V^{\mathrm{T}}PV = \min$ 的参数向量 $\hat{X}$ 的估值公式。

由第二章讲的定权方法可得

$$P = \sigma_0^2 \begin{pmatrix} \sigma_1^2 & \sigma_{12} & \cdots & \sigma_{1n} \\ \sigma_{21} & \sigma_2^2 & \cdots & \sigma_{2n} \\ \vdots & \vdots & & \vdots \\ \sigma_{n1} & \sigma_{n2} & \cdots & \sigma_n^2 \end{pmatrix}^{-1} \tag{3-9}$$

为观测值向量 L 的权阵。

将 $V^{\mathrm{T}}PV$ 对矩阵 $\hat{X}$ 求导数,并令其为零,则有

$$\frac{\mathrm{d}(V^{\mathrm{T}}PV)}{\mathrm{d}\hat{X}} = V^{\mathrm{T}}\frac{\mathrm{d}(PV)}{\mathrm{d}\hat{X}} + (PV)^{\mathrm{T}}\frac{\mathrm{d}V}{\mathrm{d}\hat{X}} = 0$$

即

$$V^{\mathrm{T}}P\frac{\mathrm{d}V}{\mathrm{d}\hat{X}} + V^{\mathrm{T}}P\frac{\mathrm{d}V}{\mathrm{d}\hat{X}} = 0$$

由误差方程式(3-6)可知

$$\frac{\mathrm{d}V}{\mathrm{d}\hat{X}} = A$$

所以有

$$2V^{\mathrm{T}}PA = 0 \tag{3-10}$$

上式两端除以 2,并转置得

$$A^{\mathrm{T}}PV=0 \tag{3-11}$$

将式(3-6)代入式(3-11),得

$$A^{\mathrm{T}}PA\hat{X}+A^{\mathrm{T}}Pl=0 \tag{3-12}$$

令

$$A^{\mathrm{T}}PA=N \qquad A^{\mathrm{T}}Pl=U \tag{3-13}$$

则式(3-12)变为

$$N\hat{X}+U=0 \tag{3-14}$$

式(3-12)或式(3-14)称为法方程。式中 N 称为法方程系数阵,简称为法矩阵,U 称为法方程自由项向量。

当 N 为非奇异阵时,其逆矩阵存在,则可由

$$\hat{X}=-N^{-1}U \tag{3-15}$$

求得解向量 $\hat{X}$。

将 $\hat{X}$ 代入式(3-5),即可求出改正数向量 V,进而求得观测向量的最或然值 $\hat{L}=L+V$。

三、观测值相互独立时的法方程

一般情况下,平差时的观测值常常是相互独立的,这时

$$P=\begin{pmatrix} p_1 & & & \\ & p_2 & & \\ & & \ddots & \\ & & & p_n \end{pmatrix}$$

将此式代入式(3-11)及式(3-13)可得

$$\left.\begin{aligned} [pav]&=0\\ [pbv]&=0\\ &\vdots\\ [ptv]&=0 \end{aligned}\right\} \tag{3-16}$$

及

$$\begin{aligned} N&=A^{\mathrm{T}}PA\\ &=\begin{pmatrix} a_1 & a_2 & \cdots & a_n\\ b_1 & b_2 & \cdots & b_n\\ \vdots & \vdots & & \vdots\\ t_1 & t_2 & \cdots & t_n \end{pmatrix}\begin{pmatrix} p_1 & & & \\ & p_2 & & \\ & & \ddots & \\ & & & p_n \end{pmatrix}\begin{pmatrix} a_1 & b_1 & \cdots & t_1\\ a_2 & b_2 & \cdots & t_2\\ \vdots & \vdots & & \vdots\\ a_n & b_n & \cdots & t_n \end{pmatrix}\\ &=\begin{pmatrix} [paa] & [pab] & \cdots & [pat]\\ [pab] & [pbb] & \cdots & [pbt]\\ \vdots & \vdots & & \vdots\\ [pat] & [pbt] & \cdots & [ptt] \end{pmatrix} \end{aligned} \tag{3-17}$$

$$U=A^{\mathrm{T}}Pl$$

$$=\begin{pmatrix}a_1 & a_2 & \cdots & a_n\\ b_1 & b_2 & \cdots & b_n\\ \vdots & \vdots & & \vdots\\ t_1 & t_2 & \cdots & t_n\end{pmatrix}\begin{pmatrix}p_1 & & & \\ & p_2 & & \\ & & \ddots & \\ & & & p_n\end{pmatrix}\begin{pmatrix}l_1\\ l_2\\ \vdots\\ l_n\end{pmatrix}$$

$$=\begin{pmatrix}[pal]\\ [pbl]\\ \vdots\\ [ptl]\end{pmatrix} \tag{3-18}$$

于是可得观测值相互独立时法方程的相应纯量形式

$$\left.\begin{aligned}[][paa]\hat{x}_1+[pab]\hat{x}_2+\cdots+[pat]\hat{x}_t+[pal]&=0\\ [pab]\hat{x}_1+[pbb]\hat{x}_2+\cdots+[pbt]\hat{x}_t+[pbl]&=0\\ &\vdots\\ [pat]\hat{x}_1+[pbt]\hat{x}_2+\cdots+[ptt]\hat{x}_t+[ptl]&=0\end{aligned}\right\} \tag{3-19}$$

在等精度情况下,P 为单位阵,则法方程式(3-12)变为

$$A^{\mathrm{T}}A\hat{X}+A^{\mathrm{T}}l=0 \tag{3-20}$$

其纯量形式为

$$\left.\begin{aligned}[][aa]\hat{x}_1+[ab]\hat{x}_2+\cdots+[at]\hat{x}_t+[al]&=0\\ [ab]\hat{x}_1+[bb]\hat{x}_2+\cdots+[bt]\hat{x}_t+[bl]&=0\\ &\vdots\\ [at]\hat{x}_1+[tb]\hat{x}_2+\cdots+[tt]\hat{x}_t+[tl]&=0\end{aligned}\right\} \tag{3-21}$$

从式(3-13)、式(3-19)及式(3-20)、式(3-21)中可以看出,法方程系数阵为对称方阵。法方程的这一对称性,将使解算工作变得简便些。

为区别于观测值独立的情况,对于观测值相关时的参数平差,特称为相关参数平差。

四、参数平差计算步骤

按参数平差法的平差步骤为:

(1)依题意选取 t 个函数独立的待定量作为未知参数,t 等于必要观测量的个数。

(2)依选取的未知参数与观测量之间的函数关系,列出误差方程式(3-6)。误差方程式的个数等于观测量的个数 n,即每有一个观测量,就应有一个误差方程式。

(3)依误差方程式组成法方程式(3-12),其个数等于未知参数的个数。

(4)解算法方程式,求出 $\hat{X}$ 的解向量。

(5)将 $\hat{X}$ 的值代入误差方程式,解出改正数向量 V,依 $\hat{L}=L+V$,求出各观测量的平差值。

(6)精度估计(见本章第四节)。

下面举例说明参数平差的计算步骤。

【例 3-4】 设观测了某个三角形的三个内角,其观测值为 $L_1=45°18'42''$,$L_2=60°48'18''$,

$L_3=73°52'54''$,求各角的平差值。

解:这里独立的必要参数是 2 个,取第一、第二两角平差值为待定参数,则根据未知参数与观测量的关系可列出下面的误差方程式

$$\left.\begin{aligned} v_1 &= \hat{x}_1 - L_1 \\ v_2 &= \hat{x}_2 - L_2 \\ v_3 &= -\hat{x}_1 - \hat{x}_2 + 180° - L_3 \end{aligned}\right\}$$

即

$$V=\begin{pmatrix} 1 & 0 \\ 0 & 1 \\ -1 & -1 \end{pmatrix}\begin{pmatrix} \hat{x}_1 \\ \hat{x}_2 \end{pmatrix}+\begin{pmatrix} -45°18'42'' \\ -60°48'18'' \\ 106°07'06'' \end{pmatrix}$$

由此得

$$\begin{aligned} [aa] &= a_1^2+a_2^2+a_3^2=2 \\ [bb] &= b_1^2+b_2^2+b_3^2=2 \\ [ab] &= a_1b_1+a_2b_2+a_3b_3=1 \\ [al] &= a_1l_1+a_2l_2+a_3l_3=-151°25''48'' \\ [bl] &= b_1l_1+b_2l_2+b_3l_3=-166°55'24'' \end{aligned}$$

则法方程式为

$$\begin{pmatrix} 2 & 1 \\ 1 & 2 \end{pmatrix}\begin{pmatrix} \hat{x}_1 \\ \hat{x}_2 \end{pmatrix}-\begin{pmatrix} 151°25''48'' \\ 166°55'24'' \end{pmatrix}=0$$

解此方程,得

$$\hat{X}=\begin{pmatrix} \hat{x}_1 \\ \hat{x}_2 \end{pmatrix}=\begin{pmatrix} 45°18'44'' \\ 60°48'20'' \end{pmatrix}$$

将上式代入误差方程式得

$$\begin{pmatrix} v_1 \\ v_2 \\ v_3 \end{pmatrix}=\begin{pmatrix} +2'' \\ +2'' \\ +2'' \end{pmatrix}$$

则

$$\begin{pmatrix} \hat{L}_1 \\ \hat{L}_2 \\ \hat{L}_3 \end{pmatrix}=\begin{pmatrix} 45°18'44'' \\ 60°48'20'' \\ 73°52'56'' \end{pmatrix}$$

可以看出,例 3-4 中自由项的数值较大,计算很不方便。因此,在实际平差计算中,多是引入未知参数的近似值,使自由项变小。下一节将讨论这个问题。

第三节　误差方程的列立

一、未知参数个数的确定

对于一个确定的平差问题,未知参数的个数是固定不变的,它等于该平差问题中必要观测的个数 t。如果必要观测的个数定下来了,那么未知参数的个数也就确定了。必要观测的个数取决于平差问题本身的性质,现就不同形式的控制网分别讨论。

(一)水准网平差

水准网(包括三角高程网)平差的目的是确定网中未知点的高程平差值。如图 3-4 的水准网中,A,B,C,D 为已知高程的点,E,F 为待定点,水准网中的观测量是点与点之间的高差。为了确定各点的高程,网中至少要有一个已知点作为推算其他高程的依据。当网中没有已知点时,则可假设某一点的高程为已知,并以此高程为基准来确定其他点的相对高程(局部高程系统)。要确定一个待定点的高程,就必须观测一个高差。若网中有 p 个待定点,则必要观测的个数 t 的确定方法是:

(1)在有已知点的水准网中,必要观测的个数就等于未知点的个数,即 $t=p$。

(2)在没有已知点的水准网中,要假设一个点的高程为已知,所以必要观测的个数等于全部未知点的个数减 1,即 $t=p-1$。

如图 3-4 所示,必要观测的个数为 $t=2$。

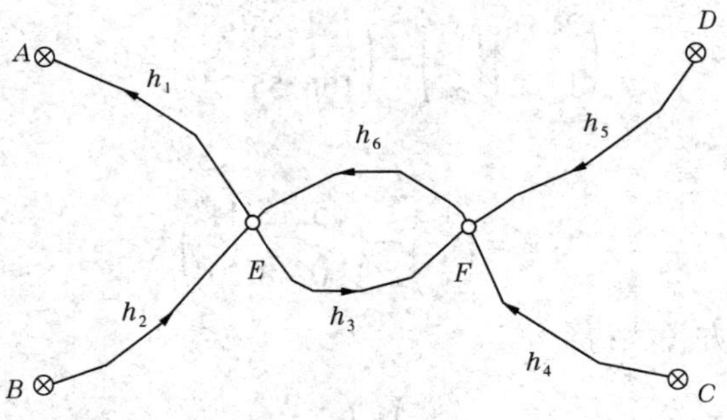

图 3-4　有已知点的水准网

如图 3-5 所示,A,B,C,D 均为待定点,则必要观测的个数为 $t=4-1=3$。

(二)测站平差

在一个测站上观测了水平方向后,应作测站平差。测站平差的目的是确定各未知方向的平差值。有的测站上有已知方向,有的测站上没有已知方向。例如,在图 3-6 中,AB 和 BC 为已知坐标方位角的固定方向(以双线表示),为了确定未知方向 BP_1(以单线表示),只要观测一个值(如 L_1 或 L_5)就行了。以后每增加一个未知方向就要增加一个观测值。如在图 3-7 中,测站上都是待定方向,通过测站平差只能确定各方向之间的相对关系。为了确定该测站上 4 个方向的相对关系,只要观测 3 个角度就够了,例如 L_1,L_2,L_3 等。所以,在测站平差中,必要观测的个数 t 的确定方法是:

(1)在有已知方向的测站上,必要观测的个数等于未知方向的个数。如图 3-6 中,必

要观测个数 $t=2$。

(2)在没有已知方向的测站上，必要观测的个数等于未知方向的个数减 1。如图 3-7 中，必要观测个数 $t=4-1=3$。

(三)三角网平差

三角网平差的目的，是要确定未知点坐标的平差值。在三角网中，当网中仅有或少于 4 个必要起算数据时，称为独立网或自由网。除必要起算数据外，网中还有多余的独立起算数据时，称为非独立网或附合网。

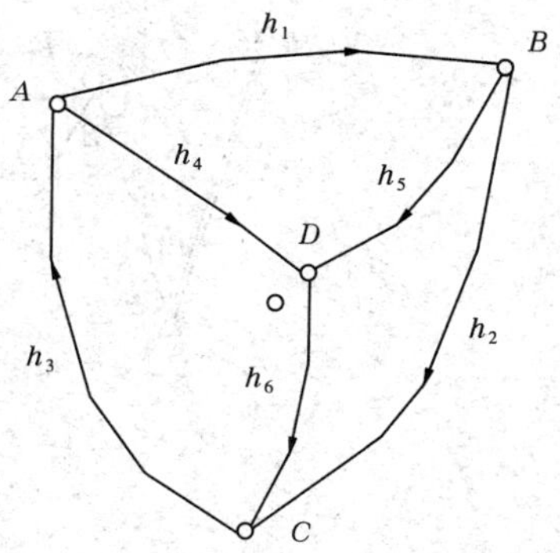

图 3-5 无已知点的水准网

在平面测角三角网中，设网中共有 p 个待定点，当只有 4 个必要的独立起算数据时，则必要观测的个数为未知点个数的 2 倍，即 $t=2p$。若网中除 4 个必要的独立起算数据外，还有 q 个多余的独立起算数据，则必要观测的个数 $t=2(p-2)-q=2p-q-4$。

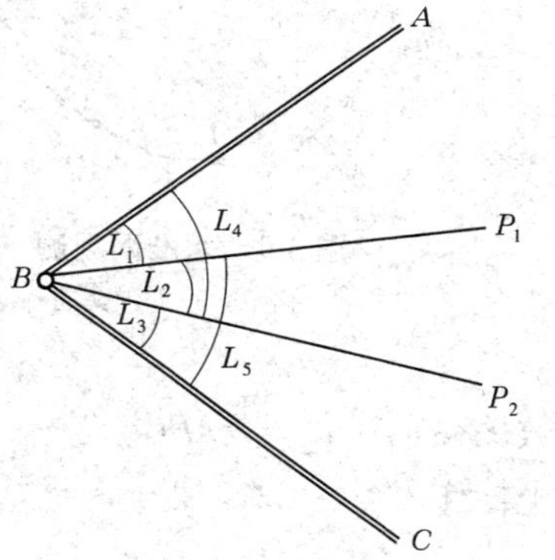

图 3-6 有固定方向的测站观测

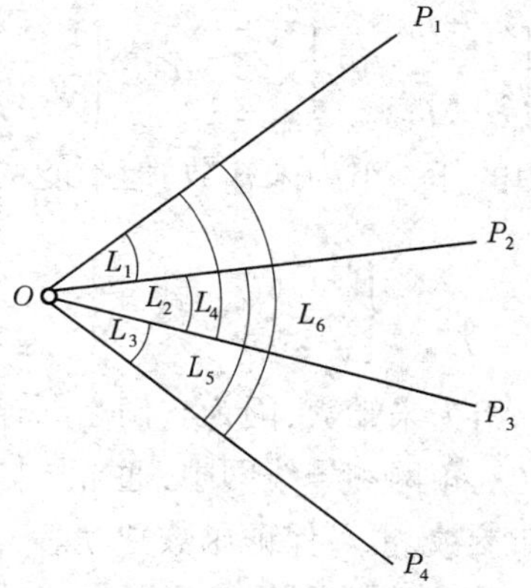

图 3-7 无已知方向的测站观测

(四)导线测量平差

导线测量平差的目的，是要确定各未知导线点在平面坐标系中的坐标。如图 3-8 中，A,B,C,D 为已知点，E,F,G,H,I,J,K 为未知点，为了确定一未知导线点的坐标，至少要观测一个转折角和一条边长，即需 2 个必要观测。若导线中有 p 个待定点，则必要观测的个数为未知点个数的 2 倍，即 $t=2p$。在图 3-8 所示的导线中，有 7 个未知点，必要观测的个数 $t=2\times7=14$。

二、未知参数的选择

未知参数的选择，要根据具体平差问题来确定。可选取观测量，也可选取非观测量。无论选取哪些量作为未知参数，都要求它们之间互相独立，即各未知参数之间不存在任何函数关系，即函数独立。

在水准网中，一般情况下都是选取待定点高程平差值作为未知参数，这样一定可以保证未知参数间函数独立。如图 3-9 所示的水准网中，有 B,C,D 共 3 个未知水准点，应选

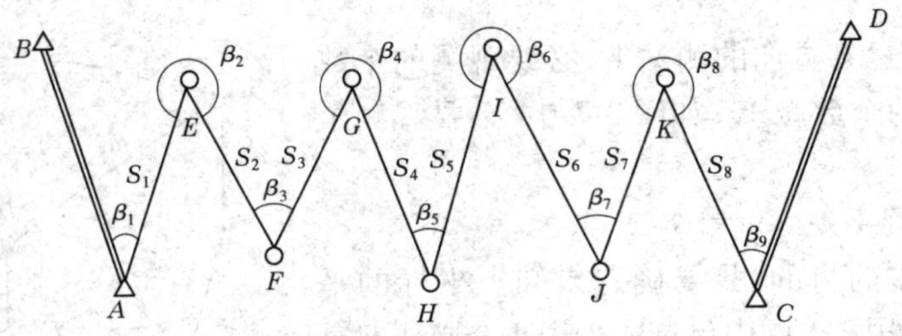

图 3-8　导线测量

择 3 个未知数,我们只要选择 B,C,D 3 个未知点的高程平差值作为未知数即可。

在测站平差中,一般选择不构成闭合差的单角之平差值作为未知参数,可以保证未知参数之间函数独立。在图 3-6 的测站平差中,有 2 个未知数,此时可选择:

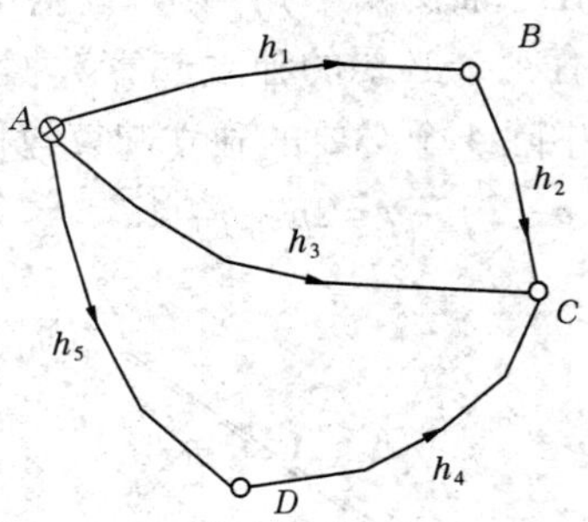

图 3-9　水准网观测

① $\begin{cases}\hat{x}_1=\hat{L}_1\\ \hat{x}_2=\hat{L}_2\end{cases}$; ② $\begin{cases}\hat{x}_1=\hat{L}_2\\ \hat{x}_2=\hat{L}_3\end{cases}$; ③ $\begin{cases}\hat{x}_1=\hat{L}_1\\ \hat{x}_2=\hat{L}_3\end{cases}$; ④ $\begin{cases}\hat{x}_1=\hat{L}_1\\ \hat{x}_2=\hat{L}_4\end{cases}$

等其中的任一组为未知数,但不能选择

$$\begin{cases}\hat{x}_1=\hat{L}_1\\ \hat{x}_2=\hat{L}_5\end{cases}\quad 或 \quad \begin{cases}\hat{x}_1=\hat{L}_3\\ \hat{x}_2=\hat{L}_4\end{cases}$$

中的一组为未知数,因为它们之间存在着确定的函数关系 $\hat{x}_1+\hat{x}_2=\angle ABC$。

在三角网和导线网中,通常选择待定点的平面坐标作为未知参数,也可保证函数独立。

在图 3-10 的测角三角网中,A,B,C 为已知三角点,D 为待定点,观测了 6 个水平角 $L_1,L_2,\cdots,L_6$,必要观测是 2 个,所以应选择 2 个未知数,选择待定点 D 的坐标 (x_D,y_D) 为未知数即可。

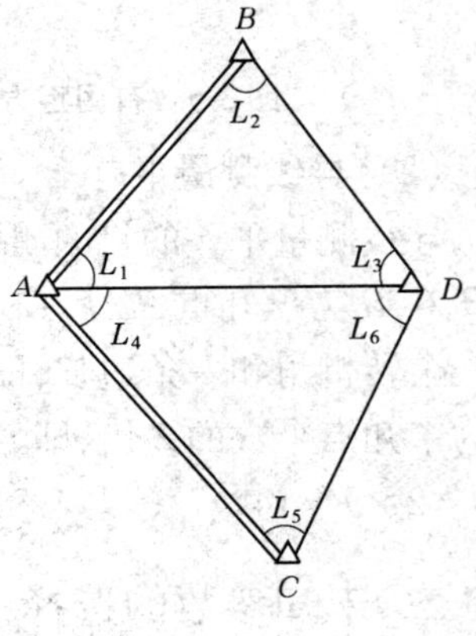

图 3-10　测角三角网

三、引入未知参数近似值※

在参数平差的具体计算中,常常需要引入未知参数的近似值进行迭代计算,以减小误差方程和法方程的自由项,从而使计算简便。

设原误差方程式为

$$V=A\hat{X}+D-L \tag{3-22}$$

引入参数向量 $\hat{X}$ 的近似值 X^0,取

$$\hat{X}=X^0+\delta\hat{X} \tag{3-23}$$

其中 $X^0=\begin{pmatrix}x_1^0\\x_2^0\\\vdots\\x_t^0\end{pmatrix}$,$\delta\hat{X}=\begin{pmatrix}\delta\hat{x}_1\\\delta\hat{x}_2\\\vdots\\\delta\hat{x}_t\end{pmatrix}$,将其代入式(3-22),则有

$$V=A(X^0+\delta\hat{X})+D-L$$

$$V=A\delta\hat{X}+(AX^0+D-L) \tag{3-24}$$

因为 X^0 的各元素为未知参数的近似值,D 和 L 为常数和观测值向量,故都是已知的,AX^0+D-L 为方程式(3-24)的自由项向量,仍用 l 表示,即令

$$l=AX^0+D-L \tag{3-25}$$

这样,引入参数的近似值后,误差方程式变为

$$V=A\delta\hat{X}+l \tag{3-26}$$

其纯量形式为

$$\left.\begin{aligned}v_1&=a_1\delta\hat{x}_1+b_1\delta\hat{x}_2+\cdots+t_1\delta\hat{x}_t+l_1\\v_2&=a_2\delta\hat{x}_1+b_2\delta\hat{x}_2+\cdots+t_2\delta\hat{x}_t+l_2\\&\vdots\\v_n&=a_n\delta\hat{x}_1+b_n\delta\hat{x}_2+\cdots+t_n\delta\hat{x}_t+l_n\end{aligned}\right\} \tag{3-27}$$

它与原误差方程式在形式上是一样的,只是未知参数向量 $\hat{X}$ 换成了 $\delta\hat{X}$,自由项向量 l 应按式(3-25)计算,以下的平差步骤都是相同的。这时法方程的形式是

$$A^{\mathrm{T}}PA\delta\hat{X}+A^{\mathrm{T}}Pl=0 \tag{3-28}$$

不难看出,当未知参数的近似值皆为 0 时,$X^0=0$,$\delta\hat{X}=\hat{X}$,则式(3-24)即变为式(3-22)。故可认为式(3-22)是式(3-24)的一种特殊情况。

【例 3-5】 同例 3-4,原误差方程式为

$$V=\begin{pmatrix}1&0\\0&1\\-1&-1\end{pmatrix}\begin{pmatrix}\hat{x}_1\\\hat{x}_2\end{pmatrix}+\begin{pmatrix}-45°18'42''\\-60°48'18''\\106°07'06''\end{pmatrix}$$

引入未知参数的近似值,取 $\hat{x}_1$,$\hat{x}_2$ 的观测值为其近似值(取别的数值也是可以的),即取

$$\hat{x}_1=x_1^0+\delta\hat{x}_1=45°18'42''+\delta\hat{x}_1$$

$$\hat{x}_2=x_2^0+\delta\hat{x}_2=60°48'18''+\delta\hat{x}_2$$

代入上式,可得

$$V=\begin{pmatrix}v_1\\v_2\\v_3\end{pmatrix}=\begin{pmatrix}1&0\\0&1\\-1&-1\end{pmatrix}\begin{pmatrix}\delta\hat{x}_1\\\delta\hat{x}_2\end{pmatrix}+\begin{pmatrix}0\\0\\6''\end{pmatrix}$$

则法方程式为

$$\begin{pmatrix} 2 & 1 \\ 1 & 2 \end{pmatrix}\begin{pmatrix} \delta\hat{x}_1 \\ \delta\hat{x}_2 \end{pmatrix} - \begin{pmatrix} 6'' \\ 6'' \end{pmatrix} = 0$$

解此方程,得

$$\delta\hat{X} = \begin{pmatrix} \delta\hat{x}_1 \\ \delta\hat{x}_2 \end{pmatrix} = \begin{pmatrix} 2'' \\ 2'' \end{pmatrix}$$

这样就求出了解向量$\delta\hat{X}$,再按 $\hat{X} = X^0 + \delta\hat{X}$,即可求出未知参数向量 $\hat{X}$。

从运算角度来看,引入未知参数近似值进行计算,数字运算上要简便得多。

未知参数近似值的选取是具有一定任意性的。测量平差中的未知参数同观测值之间都有某种函数关系,可利用这种关系求取未知参数的近似值。

四、非线性误差方程的线性化

参数平差的法方程,是依据基本数学模型——误差方程为线性形式导出的。对于非线性形式的误差方程,应在平差前化为线性形式。基本方法是将非线性函数按泰勒级数展开,取至一次项。

设有非线性形式的误差方程

$$v = f(\hat{x}_1, \hat{x}_2, \cdots, \hat{x}_t) - L \tag{3-29}$$

式中,$\hat{x}_1, \hat{x}_2, \cdots, \hat{x}_t$ 为未知参数,L 为观测值,v 为观测值改正数。

设参数的近似值为 $x_1^0, x_2^0, \cdots, x_t^0$,其相应的改正数为 $\delta\hat{x}_1, \delta\hat{x}_2, \cdots, \delta\hat{x}_t$,则有

$$\left.\begin{aligned} \hat{x}_1 &= x_1^0 + \delta\hat{x}_1 \\ \hat{x}_2 &= x_2^0 + \delta\hat{x}_2 \\ &\vdots \\ \hat{x}_t &= x_t^0 + \delta\hat{x}_t \end{aligned}\right\} \tag{3-30}$$

于是误差方程式(3-29)可写成

$$v = f(x_1^0 + \delta\hat{x}_1, x_2^0 + \delta\hat{x}_2, \cdots, x_t^0 + \delta\hat{x}_t) - L \tag{3-31}$$

将式(3-31)按泰勒级数展开,并假设 $\delta\hat{x}_1, \delta\hat{x}_2, \cdots, \delta\hat{x}_t$ 均很小,舍去它们的二次幂以上项,得

$$v = f(x_1^0, x_2^0, \cdots, x_t^0) + \left(\frac{\partial f}{\partial \hat{x}_1}\right)_0 \delta\hat{x}_1 + \left(\frac{\partial f}{\partial \hat{x}_2}\right)_0 \delta\hat{x}_2 + \cdots + \left(\frac{\partial f}{\partial \hat{x}_t}\right)_0 \delta\hat{x}_t - L$$

式中,$\left(\frac{\partial f}{\partial \hat{x}_1}\right)_0, \left(\frac{\partial f}{\partial \hat{x}_2}\right)_0, \cdots, \left(\frac{\partial f}{\partial \hat{x}_t}\right)_0$ 是函数$f(\hat{x}_1, \hat{x}_2, \cdots, \hat{x}_t)$在参数取近似值时的各个偏导数值,故皆为常数。现令

$$\left(\frac{\partial f}{\partial \hat{x}_1}\right)_0 = a, \left(\frac{\partial f}{\partial \hat{x}_2}\right)_0 = b, \cdots, \left(\frac{\partial f}{\partial \hat{x}_t}\right)_0 = t \tag{3-32}$$

$$l = f(x_1^0, x_2^0, \cdots, x_t^0) - L \tag{3-33}$$

则误差方程式化为

$$v = a\delta\hat{x}_1 + b\delta\hat{x}_2 + \cdots + t\delta\hat{x}_t + l$$

这就是线性化后的误差方程式,形式与式(3-27)中的误差方程式是一样的,其中各参

数的系数及常数项按式(3-32)和式(3-33)计算。误差方程中非线性方程式线性化后,整个误差方程仍为式(3-26)或式(3-27)的形式,于是即可进一步组成法方程式。

应该指出,由非线性误差方程化为的线性误差方程,实际上是一个近似式,它舍去了诸改正数 $\delta\hat{x}_1,\delta\hat{x}_2,\cdots,\delta\hat{x}_t$ 二次以上的高阶项。只有这些改正数都很小时,舍去高阶项才不至于影响计算精度。因此,未知参数的各近似值要取得与其平差值尽量接近。如果所取近似值未能足够接近平差结果,以致平差后改正数 $\delta\hat{x}_1,\delta\hat{x}_2,\cdots,\delta\hat{x}_t$ 较大时,则应再次以这些相应的平差值为未知参数的近似值,重新进行平差,直至两次平差已正数之差小于某限差值,即法方程收敛。

【例 3-6】 在图 3-11 中,从 3 个已知点 P_1,P_2,P_3 分别测得到 P 点的距离为 s_1,s_2,s_3。求 P 点坐标的平差值。

解:根据例(3-6)可知误差方程式为

$$v_i = \sqrt{(\hat{x}-x_i)^2+(\hat{y}-y_i)^2} - s_i \quad (i=1,2,3)$$

按上述方法进行线性化,取未知数的近似值为(x^0,y^0),该近似值可以由图中任意 2 个点的坐标及观测的边长求出。于是有

$$\hat{x} = x^0 + \delta\hat{x}$$
$$\hat{y} = y^0 + \delta\hat{y}$$

这样误差方程式变为

$$v_i = \sqrt{(x^0+\delta\hat{x}-x_i)^2+(y^0+\delta\hat{y}-y_i)^2} - s_i \quad (i=1,2,3)$$

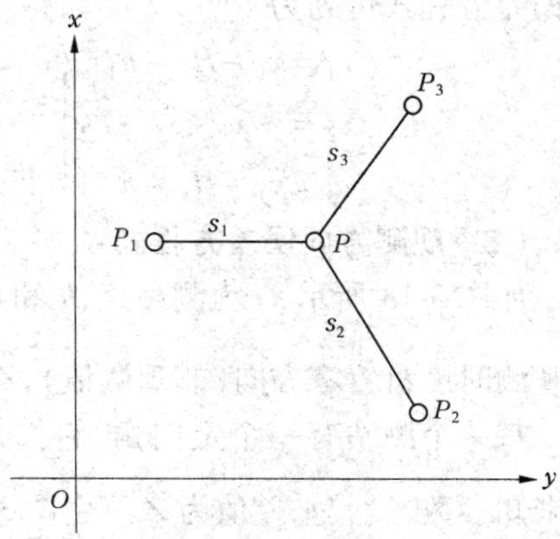

图 3-11　边长观测

因为 $\delta\hat{x},\delta\hat{y}$非常小,按泰勒级数展开,取至一次项,则有

$$v_i = f_i^0 + \left(\frac{\partial f}{\partial x}\right)_0\delta\hat{x} + \left(\frac{\partial f}{\partial y}\right)_0\delta\hat{y} - s_i$$

即

$$v_i = \sqrt{(x^0-x_i)^2+(y^0-y_i)^2} + \frac{x^0-x_i}{\sqrt{(x^0-x_i)^2+(y^0-y_i)^2}}\delta\hat{x} + \frac{y^0-y_i}{\sqrt{(x^0-x_i)^2+(y^0-y_i)^2}}\delta\hat{y} - s_i$$

取

$$\frac{x^0-x_i}{\sqrt{(x^0-x_i)^2+(y^0-y_i)^2}} = a_i$$

$$\frac{y^0-y_i}{\sqrt{(x^0-x_i)^2+(y^0-y_i)^2}} = b_i$$

$$\sqrt{(x^0-x_i)^2+(y^0-y_i)^2} - s_i = l_i$$

则误差方程式变为

$$v_i = a_i\delta\hat{x} + b_i\delta\hat{y} + l_i \quad (i=1,2,3)$$

这样就把原来非线性的误差方程式化为线性式了。

五、误差方程的列立

(一)水准网误差方程

在水准网中,通常选择待定点的高程平差值作为未知参数,然后列出未知参数和所有观测量之间的函数关系式即误差方程式。如图 3-12 所示,图中 C 为已知水准点,P_1,P_2 为待定点。我们选择待定点的高程平差值作为未知参数,即

$$\left.\begin{aligned}\hat{x}_1 &= \hat{H}_{P_1}\\ \hat{x}_2 &= \hat{H}_{P_2}\end{aligned}\right\}$$

则误差方程式可列为

$$\left.\begin{aligned}v_1 &= \hat{x}_1 - H_C - h_1\\ v_2 &= -\hat{x}_1 + \hat{x}_2 - h_2\\ v_3 &= \hat{x}_2 - H_C - h_3\end{aligned}\right\}$$

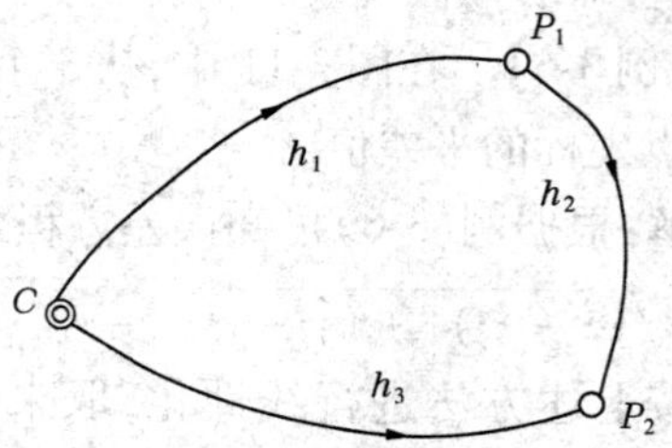

图 3-12 水准网

(二)观测方向误差方程式

如图 3-13 所示,j 为测站点,h 和 k 为照准点,L_{jh},L_{jk}为其观测方向值,j_0 方向为测站 j 在观测时度盘置零方向(非观测值),$\hat{Z}_j$ 为 j 站的定向角,即零方向的方位角。

每一个测站有一个定向角,它们是方向坐标平差中的未知参数,设其平差值为 $\hat{Z}_j$。由图 3-13 可得

$$L_{jk} + v_{jk} = \hat{\alpha}_{jk} - \hat{Z}_j \tag{3-34}$$

由式(3-34)可得 jk 方向的误差方程

$$v_{jk} = -\hat{Z}_j + \hat{\alpha}_{jk} - L_{jk} \tag{3-35}$$

式中,$\hat{\alpha}_{jk}$为 jk 方向的方位角的平差值。

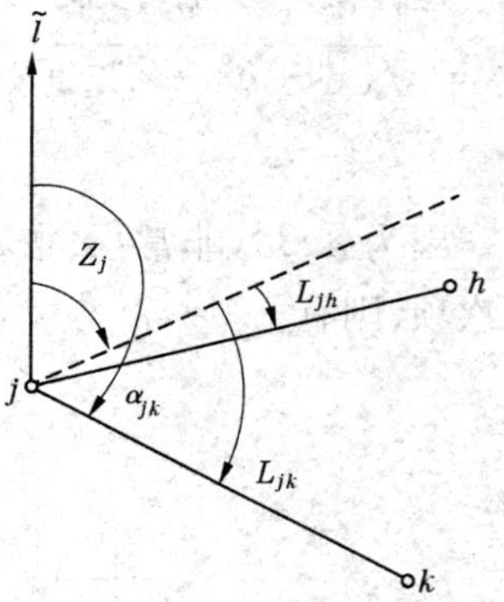

图 3-13 方向观测

设 j,k 两点均为待定点,它们的近似坐标为(x_j^0, y_j^0)和(x_k^0, y_k^0)。根据这些近似坐标可以计算 j,k 两点间的近似坐标方位角 α_{jk}^0、近似边长 S_{jk}^0和定向角的近似值 Z_j^0。设这两点的近似坐标改正数为 $\delta\hat{x}_j$,$\delta\hat{y}_j$ 和 $\delta\hat{x}_k$,$\delta\hat{y}_k$,即

$$\left.\begin{aligned}\hat{x}_j &= x_j^0 + \delta\hat{x}_j\\ \hat{y}_j &= y_j^0 + \delta\hat{y}_j\end{aligned}\right\}\qquad\left.\begin{aligned}\hat{x}_k &= x_k^0 + \delta\hat{x}_k\\ \hat{y}_k &= y_k^0 + \delta\hat{y}_k\end{aligned}\right\}$$

由近似坐标改正数引起的近似坐标方位角的改正数为 $\delta\alpha_{jk}$,即

$$\hat{\alpha}_{jk} = \alpha_{jk}^0 + \delta\alpha_{jk} \tag{3-36}$$

现求坐标改正数 $\delta\hat{x}_j$,$\delta\hat{y}_j$ 和 $\delta\hat{x}_k$,$\delta\hat{y}_k$ 与坐标方位角改正数 $\delta\alpha_{jk}$之间的线性关系。根据图 3-13 可得

$$\hat{\alpha}_{jk} = \arctan\frac{(y_k^0 + \delta\hat{y}_k) - (y_j^0 + \delta\hat{y}_j)}{(x_k^0 + \delta\hat{x}_k) - (x_j^0 + \delta\hat{x}_j)}$$

将上式按泰勒公式展开,得

$$\hat{\alpha}_{jk} = \arctan\frac{y_k^0 - y_j^0}{x_k^0 - x_j^0} + \left(\frac{\partial\hat{\alpha}_{jk}}{\partial\hat{x}_j}\right)_0 \delta\hat{x}_j + \left(\frac{\partial\hat{\alpha}_{jk}}{\partial\hat{y}_j}\right)_0 \delta\hat{y}_j + \left(\frac{\partial\hat{\alpha}_{jk}}{\partial\hat{x}_k}\right)_0 \delta\hat{x}_k + \left(\frac{\partial\hat{\alpha}_{jk}}{\partial\hat{y}_k}\right)_0 \delta\hat{y}_k$$

上式中右边第一项就是由近似坐标算得的近似坐标方位角 α_{jk}^0，对照式(3-36)可知

$$\delta\alpha_{jk} = \left(\frac{\partial\hat{\alpha}_{jk}}{\partial\hat{x}_j}\right)_0 \delta\hat{x}_j + \left(\frac{\partial\hat{\alpha}_{jk}}{\partial\hat{y}_j}\right)_0 \delta\hat{y}_j + \left(\frac{\partial\hat{\alpha}_{jk}}{\partial\hat{x}_k}\right)_0 \delta\hat{x}_k + \left(\frac{\partial\hat{\alpha}_{jk}}{\partial\hat{y}_k}\right)_0 \delta\hat{y}_k \tag{3-37}$$

式中

$$\left(\frac{\partial\hat{\alpha}_{jk}}{\partial\hat{x}_j}\right)_0 = \frac{\dfrac{y_k^0 - y_j^0}{(x_k^0 - x_j^0)^2}}{1 + \left(\dfrac{y_k^0 - y_j^0}{x_k^0 - x_j^0}\right)^2} = \frac{y_k^0 - y_j^0}{(x_k^0 - x_j^0)^2 + (y_k^0 - y_j^0)^2} = \frac{\Delta y_{jk}^0}{(S_{jk}^0)^2}$$

同理可得

$$\left.\begin{aligned}\left(\frac{\partial\hat{\alpha}_{jk}}{\partial\hat{y}_j}\right)_0 &= -\frac{\Delta x_{jk}^0}{(S_{jk}^0)^2}\\ \left(\frac{\partial\hat{\alpha}_{jk}}{\partial\hat{x}_k}\right)_0 &= -\frac{\Delta y_{jk}^0}{(S_{jk}^0)^2}\\ \left(\frac{\partial\hat{\alpha}_{jk}}{\partial\hat{y}_k}\right)_0 &= \frac{\Delta x_{jk}^0}{(S_{jk}^0)^2}\end{aligned}\right\}$$

将上列结果代入式(3-37)，并顾及全式的单位得

$$\delta\alpha''_{jk} = \frac{\rho''\Delta y_{jk}^0}{(S_{jk}^0)^2}\delta\hat{x}_j - \frac{\rho''\Delta x_{jk}^0}{(S_{jk}^0)^2}\delta\hat{y}_j - \frac{\rho''\Delta y_{jk}^0}{(S_{jk}^0)^2}\delta\hat{x}_k + \frac{\rho''\Delta x_{jk}^0}{(S_{jk}^0)^2}\delta\hat{y}_k \tag{3-38}$$

或写成

$$\delta\alpha''_{jk} = \frac{\rho''\sin\alpha_{jk}^0}{S_{jk}^0}\delta\hat{x}_j - \frac{\rho''\cos\alpha_{jk}^0}{S_{jk}^0}\delta\hat{y}_j - \frac{\rho''\sin\alpha_{jk}^0}{S_{jk}^0}\delta\hat{x}_k + \frac{\rho''\cos\alpha_{jk}^0}{S_{jk}^0}\delta\hat{y}_k \tag{3-39}$$

令

$$a_{jk} = \frac{\rho''\Delta y_{jk}^0}{(S_{jk}^0)^2} = \frac{\rho''\sin\alpha_{jk}^0}{S_{jk}^0} \tag{3-40}$$

$$b_{jk} = -\frac{\rho''\Delta x_{jk}^0}{(S_{jk}^0)^2} = -\frac{\rho''\cos\alpha_{jk}^0}{S_{jk}^0} \tag{3-41}$$

则有

$$\delta\alpha''_{jk} = a_{jk}\delta\hat{x}_j + b_{jk}\delta\hat{y}_j - a_{jk}\delta\hat{x}_k - b_{jk}\delta\hat{y}_k \tag{3-42}$$

式(3-42)就是坐标改正数与坐标方位角改正数之间的一般关系式，称为坐标方位角改正数方程。其中 $\delta\alpha$ 以秒为单位。

将式(3-42)以及式(3-43)

$$\hat{Z}_j = Z_j^0 + \hat{z}_j \tag{3-43}$$

代入式(3-35)，可得 jk 方向的误差方程为

$$v_{jk} = -\hat{z}_j + a_{jk}\delta\hat{x}_j + b_{jk}\delta\hat{y}_j - a_{jk}\delta\hat{x}_k - b_{jk}\delta\hat{y}_k - l_{jk} \tag{3-44}$$

式中常数项

$$l_{jk} = L_{jk} - (\alpha_{jk}^0 - Z_j^0) = L_{jk} - L_{jk}^0 \tag{3-45}$$

L_{jk}^0为 jk 的近似方向值,所以误差方程的常数项 l 为观测值减去其近似值。

网中各测站上的每一方向都可建立如式(3-44)所示的误差方程。

观测方向坐标平差的误差方程具有如下特点:

(1)误差方程中的参数除待定点坐标平差值外,尚有测站定向角平差值。而且在每个测站的误差方程中,仅出现本站的定向角平差值,各测站不同,网中所有测站均存在一个定向角平差值参数,其系数均为 -1。

(2)当测站 j 和 k 两点均为待定点时,它们的坐标未知数系数的数值相等,符号相反。其他坐标未知数的系数均为零,即为式(3-44)。

(3)若测站点 j 为已知点,则 $\delta\hat{x}_j = \delta\hat{y}_j = 0$,得

$$\delta\alpha''_{jk} = -\frac{\rho''\Delta y_{jk}^0}{(S_{jk}^0)^2}\delta\hat{x}_k + \frac{\rho''\Delta x_{jk}^0}{(S_{jk}^0)^2}\delta\hat{y}_k \tag{3-46}$$

jk 方向的误差方程为

$$v_{jk} = -\hat{z}_j - a_{jk}\delta\hat{x}_k - b_{jk}\delta\hat{y}_k - l_{jk} \tag{3-47}$$

若照准点 k 为已知点,则 $\delta\hat{x}_k = \delta\hat{y}_k = 0$,得

$$\delta\alpha''_{jk} = +\frac{\rho''\Delta y_{jk}^0}{(S_{jk}^0)^2}\delta\hat{x}_j - \frac{\rho''\Delta x_{jk}^0}{(S_{jk}^0)^2}\delta\hat{y}_j \tag{3-48}$$

jk 方向的误差方程为

$$v_{jk} = -\hat{z}_j + a_{jk}\delta\hat{x}_j + b_{jk}\delta\hat{y}_j - l_{jk} \tag{3-49}$$

(4)若某边的两个端点均为已知点,则有 $\delta\hat{x}_j = \delta\hat{y}_j = 0, \delta\hat{x}_k = \delta\hat{y}_k = 0$,于是

$$\delta\alpha_{jk} = 0$$

jk 方向的误差方程为

$$v_{jk} = -\hat{z}_j - l_{jk} \tag{3-50}$$

(5)同一边的正反坐标方位角的改正数相等,它们与坐标改正数的关系式也一样。这是因为

$$\delta\alpha''_{kj} = \frac{\rho''\Delta y_{kj}^0}{(S_{jk}^0)^2}\delta\hat{x}_k - \frac{\rho''\Delta x_{kj}^0}{(S_{jk}^0)^2}\delta\hat{y}_k - \frac{\rho''\Delta y_{kj}^0}{(S_{jk}^0)^2}\delta\hat{x}_j + \frac{\rho''\Delta x_{kj}^0}{(S_{jk}^0)^2}\delta\hat{y}_j$$

与式(3-38)相对照,并顾及 $\Delta y_{jk}^0 = -\Delta y_{kj}^0, \Delta x_{jk}^0 = -\Delta x_{kj}^0$,可知

$$\delta\alpha_{kj} = \delta\alpha_{jk} \tag{3-51}$$

(三)观测角度误差方程式

观测值为角度,参数为待定点坐标的平差问题,称为测角网坐标平差。

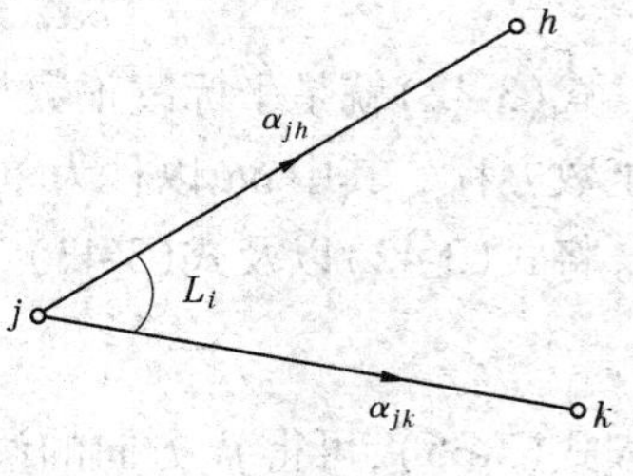

图 3-14　角度观测

在图 3-14 中,观测角度为 L_i,设 j,h,k 均为待定点,参数为$(\hat{x}_j,\hat{y}_j)$、$(\hat{x}_h,\hat{y}_h)$、$(\hat{x}_k,\hat{y}_k)$,并令 $\hat{x} = x^0 + \delta\hat{x}, \hat{y} = y^0 + \delta\hat{y}$。对于角度 L_i,其观测方程为

$$L_i + v_i = \hat{\alpha}_{jk} - \hat{\alpha}_{jh} \tag{3-52}$$

将 $\hat{\alpha} = \alpha^0 + \delta\alpha$ 代入,并令

$$l_i = L_i - (\alpha_{jk}^0 - \alpha_{jh}^0) = L_i - L_i^0 \tag{3-53}$$

即观测角减去其近似值就是常数项 l,代入式(3-53)得

$$v_i = \delta\alpha_{jk} - \delta\alpha_{jh} - l_i \tag{3-54}$$

这是由方位角改正数表示的误差方程。

将方位角改正数表达为坐标改正数可以利用前面导出的式(3-38)或式(3-42),将其代入式(3-54),即得测角网坐标平差的误差方程:

$$\begin{aligned} v_i =& \rho''\left(\frac{\Delta y_{jk}^0}{(S_{jk}^0)^2} - \frac{\Delta y_{jh}^0}{(S_{jh}^0)^2}\right)\delta\hat{x}_j - \rho''\left(\frac{\Delta x_{jk}^0}{(S_{jk}^0)^2} - \frac{\Delta x_{jh}^0}{(S_{jh}^0)^2}\right)\delta\hat{y}_j - \\ & \rho''\frac{\Delta y_{jk}^0}{(S_{jk}^0)^2}\delta\hat{x}_k + \rho''\frac{\Delta x_{jk}^0}{(S_{jk}^0)^2}\delta\hat{y}_k + \rho''\frac{\Delta y_{jh}^0}{(S_{jh}^0)^2}\delta\hat{x}_h - \rho''\frac{\Delta x_{jh}^0}{(S_{jh}^0)^2}\delta\hat{y}_h - l_i \end{aligned} \tag{3-55}$$

或

$$v_i = (a_{jk} - a_{jh})\delta\hat{x}_j + (b_{jk} - b_{jh})\delta\hat{y}_j - a_{jk}\delta\hat{x}_k - b_{jk}\delta\hat{y}_k + a_{jh}\delta\hat{x}_h + b_{jh}\delta\hat{y}_h - l_i \tag{3-56}$$

也可分别列出 jk 方向和 jh 方向的误差方程,然后将两个方向的误差方程相减,$v_i = v_{jk} - v_{jh}$,即得式(3-56)。角度不存在定向角参数,而测方向值是不定的,依赖于度盘的零位置,所以必须引进定向角参数以固定方向值,从而才能与点的坐标建立函数关系,这是测角网与测方向网误差方程的不同之处。

如果三角网是按方向观测的,应采用测方向的坐标平差,若要按角度平差,则其观测角由相邻方向观测值之差求得,一个测站上的多个观测角之间相关,严密的平差要顾及其相关权阵。

(四)观测边误差方程式

在图 3-15 中,测得待定点间的边长 L_i,设待定点 j,k 的坐标平差值 $\hat{x}_j,\hat{y}_j,\hat{x}_k,\hat{y}_k$ 为参数,令

$$\left.\begin{aligned}\hat{x}_j = x_j^0 + \delta\hat{x}_j \\ \hat{y}_j = y_j^0 + \delta\hat{y}_j\end{aligned}\right\} \qquad \left.\begin{aligned}\hat{x}_k = x_k^0 + \delta\hat{x}_k \\ \hat{y}_k = y_k^0 + \delta\hat{y}_k\end{aligned}\right\}$$

由图 3-15 可写出边长 L_i 的平差值方程为

$$\hat{L}_i = L_i + v_i = \sqrt{(\hat{x}_k - \hat{x}_j)^2 + (\hat{y}_k - \hat{y}_j)^2} \tag{3-57}$$

按泰勒公式展开,得

$$L_i + v_i = S_{jk}^0 + \frac{\Delta x_{jk}^0}{S_{jk}^0}(\delta\hat{x}_k - \delta\hat{x}_j) + \frac{\Delta y_{jk}^0}{S_{jk}^0}(\delta\hat{y}_k - \delta\hat{y}_j) \tag{3-58}$$

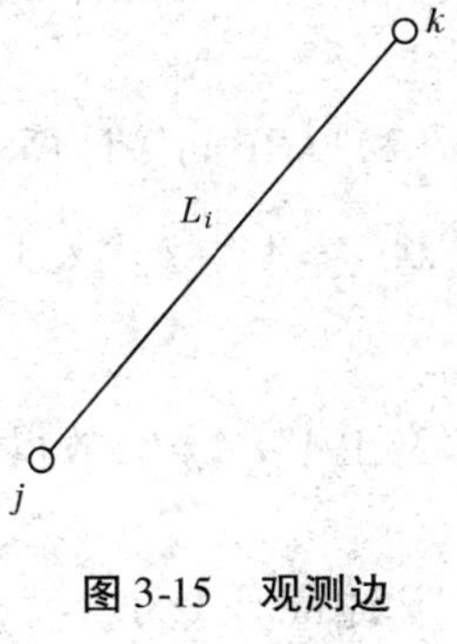

图 3-15 观测边

式中

$$\Delta x_{jk}^0 = x_k^0 - x_j^0,\ \Delta y_{jk}^0 = y_k^0 - y_j^0$$

$$S_{jk}^0 = \sqrt{(x_k^0 - x_j^0)^2 + (y_k^0 - y_j^0)^2}$$

令

$$l_i = L_i - S_{jk}^0 \tag{3-59}$$

则由式(3-58)可得测边的误差方程为

$$v_i = -\frac{\Delta x_{jk}^0}{S_{jk}^0}\delta\hat{x}_j - \frac{\Delta y_{jk}^0}{S_{jk}^0}\delta\hat{y}_j + \frac{\Delta x_{jk}^0}{S_{jk}^0}\delta\hat{x}_k + \frac{\Delta y_{jk}^0}{S_{jk}^0}\delta\hat{y}_k - l_i \tag{3-60}$$

式中前 4 项之和是由坐标改正数引起的边长改正数。

式(3-60)就是测边坐标平差误差方程的一般形式,它是在假设两端都是待定点的情况下导出的。具体计算时,可按不同情况灵活运用。

(1)若某边的两端均为待定点,则式(3-60)就是该观测边的误差方程。式中,$\delta\hat{x}_j$ 与 $\delta\hat{x}_k$ 的系数的绝对值相等,$\delta\hat{y}_j$ 与 $\delta\hat{y}_k$ 的系数的绝对值相等。常数项 l 等于该边的观测值减去其近似值。

(2)若 j 为已知点,则 $\delta\hat{x}_j = \delta\hat{y}_j = 0$,得

$$v_i = \frac{\Delta x_{jk}^0}{S_{jk}^0}\delta\hat{x}_k + \frac{\Delta y_{jk}^0}{S_{jk}^0}\delta\hat{y}_k - l_i \tag{3-61}$$

若 k 为已知点,则 $\delta\hat{x}_k = \delta\hat{y}_k = 0$,得

$$v_i = -\frac{\Delta x_{jk}^0}{S_{jk}^0}\delta\hat{x}_j - \frac{\Delta y_{jk}^0}{S_{jk}^0}\delta\hat{y}_j - l_i \tag{3-62}$$

若 j,k 均为已知点,则该边为已知边(不观测),故对该边不需要列误差方程。

(3)某边的误差方程,按 jk 方向列立或按 kj 方向列立的结果相同。

第四节　精度估计

一、$V^{\mathrm{T}}PV$ 的计算

在第二章中已经学习过了单位权中误差的计算公式,即

$$\mu = \pm\sqrt{\frac{[pvv]}{n-t}} = \pm\sqrt{\frac{V^{\mathrm{T}}PV}{n-t}} \tag{3-63}$$

(1)$V^{\mathrm{T}}PV$ 最直接的计算方法:

$$V^{\mathrm{T}}PV = [pvv] = p_1 v_1^2 + p_2 v_2^2 + \cdots + p_n v_n^2$$

(2)$V^{\mathrm{T}}PV$ 间接计算法:

将 $V = A\hat{X} + l$ 代入 $V^{\mathrm{T}}PV$ 可得

$$V^{\mathrm{T}}PV = V^{\mathrm{T}}P(A\hat{X} + l) = V^{\mathrm{T}}PA\hat{X} + V^{\mathrm{T}}Pl$$

又由 $V^{\mathrm{T}}PA = 0$,故得

$$V^{\mathrm{T}}PV = V^{\mathrm{T}}Pl \tag{3-64}$$

其纯量形式为

$$\sum_{i=1}^{n} pvv = p_1 l_1 v_1 + p_2 l_2 v_2 + \cdots + p_n l_n v_n$$

再以 $V^{\mathrm{T}} = (A\hat{X} + l)^{\mathrm{T}}$ 代入式(3-64),并顾及 $\hat{X}^{\mathrm{T}}U = U^{\mathrm{T}}\hat{X}$,则有

$$V^{\mathrm{T}}PV = (A\hat{X} + l)^{\mathrm{T}}Pl = l^{\mathrm{T}}Pl + (A\hat{X})^{\mathrm{T}}Pl$$

$$= l^{\mathrm{T}}Pl + \hat{X}^{\mathrm{T}}A^{\mathrm{T}}Pl$$
$$= l^{\mathrm{T}}Pl + U^{\mathrm{T}}\hat{X} \qquad (3\text{-}65)$$

其纯量形式为

$$\sum_{i=1}^{n} pvv = [pll] + [pal]\hat{x}_1 + [pbl]\hat{x}_2 + \cdots + [ptl]\hat{x}_t$$

按式(3-64)、式(3-65)求出的 $V^{\mathrm{T}}PV$ 与直接计算的结果,可互为校核。

二、未知参数函数和未知参数的权倒数

在间接平差中,解算法方程后首先求得 t 个参数,然后根据这些参数就可以计算该平差问题中任一量的平差值(最或然值)。如在图 3-16 的水准网中,已知 A 点的高程,平差时选定 P_1, P_2, P_3 点的高程平差值作为参数 $\hat{x}_1, \hat{x}_2, \hat{x}_3$,平差后可求得参数的值,而观测高差的平差值可表达成这些参数的函数,因而还可根据它们求出网中各观测高差的平差值。例如将 P_1, P_3 之间的高差的平差值表达成参数的函数

$$\hat{h}_4 = \hat{x}_1 - \hat{x}_3$$

P_2, P_3 之间的高差平差值表达成参数的函数为

$$\hat{h}_5 = \hat{x}_2 - \hat{x}_3$$

根据权与中误差的关系式 $m^2 = \dfrac{\mu^2}{p}$,或 $m = \mu\sqrt{\dfrac{1}{p}}$,单位权中误差 μ 可由式(3-63)求出。这样,只要求出权倒数,即可求出相应的中误差。下面主要讨论未知参数函数的权倒数计算公式,而未知参数的权倒数可作为未知参数函数的权倒数的特例来处理。

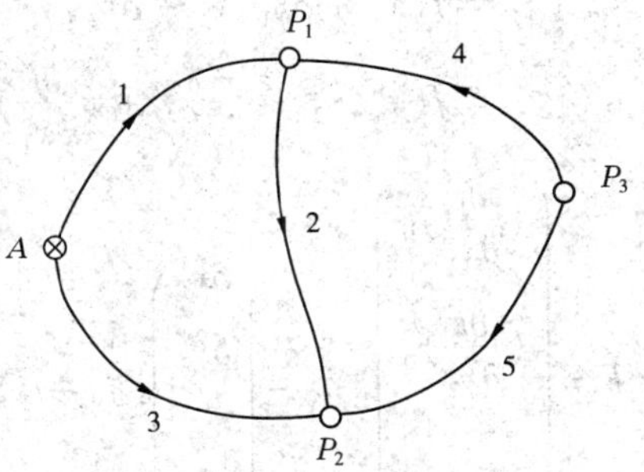

图 3-16　水准网

设有未知参数的线性函数为

$$z = f_1\hat{x}_1 + f_2\hat{x}_2 + \cdots + f_t\hat{x}_t + f_0 \qquad (3\text{-}66)$$

式中,$f_1, f_2, \cdots, f_t$ 是常系数,f_0 是常数项。

令

$$F = \begin{pmatrix} f_1 \\ f_2 \\ \vdots \\ f_t \end{pmatrix}, \hat{X} = \begin{pmatrix} \hat{x}_1 \\ \hat{x}_2 \\ \vdots \\ \hat{x}_t \end{pmatrix} \qquad (3\text{-}67)$$

并顾及 $\hat{X} = -N^{-1}U$ 及 $U = A^{\mathrm{T}}Pl$,则式(3-66)写成矩阵为

$$z = F^{\mathrm{T}}\hat{X} + f_0 = -F^{\mathrm{T}}N^{-1}A^{\mathrm{T}}Pl + f_0 \qquad (3\text{-}68)$$

由式

$$l=\begin{pmatrix}l_1\\l_2\\\vdots\\l_n\end{pmatrix}=\begin{pmatrix}d_1-L_1\\d_2-L_2\\\vdots\\d_n-L_n\end{pmatrix}$$

其中，$d_i(i=1,2,\cdots,n)$为常数，故l_i的中误差与观测值L_i的相同，于是式(3-68)应用权倒数传播定律，可求得z的权倒数$\frac{1}{p_z}$的计算公式

$$\begin{aligned}\frac{1}{p_z}&=(F^{\mathrm{T}}N^{-1}A^{\mathrm{T}}P)P^{-1}(F^{\mathrm{T}}N^{-1}A^{\mathrm{T}}P)^{\mathrm{T}}\\&=F^{\mathrm{T}}N^{-1}A^{\mathrm{T}}PP^{-1}PAN^{-1}F\\&=F^{\mathrm{T}}N^{-1}F\end{aligned}\tag{3-69}$$

式(3-69)即为计算未知参数函数权倒数的基本公式。

当函数为非线性形式时，线性化后，依然可得与式(3-69)完全一致的权倒数计算公式。

如

$$\begin{aligned}z&=f(\hat{x}_1,\hat{x}_2,\cdots,\hat{x}_t)\\&=f(\hat{x}_1^0+\delta\hat{x}_1,\hat{x}_2^0+\delta\hat{x}_2,\cdots,\hat{x}_t^0+\delta\hat{x}_t)\\&=f(\hat{x}_1^0,\hat{x}_2^0,\cdots,\hat{x}_t^0)+\left(\frac{\partial f}{\partial\hat{x}_1}\right)_0\delta\hat{x}_1+\left(\frac{\partial f}{\partial\hat{x}_2}\right)_0\delta\hat{x}_2+\cdots+\left(\frac{\partial f}{\partial\hat{x}_t}\right)_0\delta\hat{x}_t\end{aligned}$$

令 $F=\begin{pmatrix}\left(\frac{\partial f}{\partial\hat{x}_1}\right)_0\\\left(\frac{\partial f}{\partial\hat{x}_2}\right)_0\\\vdots\\\left(\frac{\partial f}{\partial\hat{x}_t}\right)_0\end{pmatrix}$，$\delta_{\hat{X}}=\begin{pmatrix}\delta\hat{x}_1\\\delta\hat{x}_2\\\vdots\\\delta\hat{x}_t\end{pmatrix}$，$f_0=f(\hat{x}_1^0,\hat{x}_2^0,\cdots,\hat{x}_t^0)$

则有

$$z=F^{\mathrm{T}}\delta_{\hat{X}}+f_0\tag{3-70}$$

对式(3-70)应用权倒数传播定律，同样可得函数z的权倒数计算公式仍为式(3-69)，只是此时的F向量不同。

另外，设$N^{-1}=Q_{\hat{X}\hat{X}}$，则

$$\frac{1}{p_z}=F^{\mathrm{T}}Q_{\hat{X}\hat{X}}F\tag{3-71}$$

因为N为对称矩阵，所以N^{-1}亦为对称矩阵，因而矩阵

$$Q_{\hat{X}\hat{X}}=N^{-1}=\begin{pmatrix}Q_{11}&Q_{12}&\cdots&Q_{1t}\\Q_{21}&Q_{22}&\cdots&Q_{2t}\\\vdots&\vdots&&\vdots\\Q_{t1}&Q_{t2}&\cdots&Q_{tt}\end{pmatrix}$$

若求某一未知参数的权倒数,可以看成求未知参数函数权倒数的特例。

如在函数式 $z=F^{\mathrm{T}}\hat{X}+f_0$ 中,若 $F^{\mathrm{T}}=(1,0,\cdots,0)$,则 $z=\hat{x}_1$,代入式(3-71),可得

$$\frac{1}{p_z}=\frac{1}{p_{\hat{x}_1}}=F^{\mathrm{T}}Q_{\hat{X}\hat{X}}F=Q_{11}$$

若 $F^{\mathrm{T}}=(0,1,0,\cdots,0)$,则 $z=\hat{x}_2$,代入式(3-71),可得

$$\frac{1}{p_z}=\frac{1}{p_{\hat{x}_2}}=F^{\mathrm{T}}Q_{\hat{X}\hat{X}}F=Q_{22}$$

同理,若 $F^{\mathrm{T}}=(0,\cdots,\underset{第i个}{1},0,\cdots,0)$,则 $z=\hat{x}_i$,代入式(3-71),可得

$$\frac{1}{p_z}=\frac{1}{p_{\hat{x}_i}}=Q_{ii}$$

由此可知,法方程系数逆阵 N^{-1} 的主对角线元素 Q_{ii} 即为对应未知参数 x_i 的权倒数。

有了单位权中误差及权倒数,即可按下式

$$m_z=\mu\sqrt{\frac{1}{p_z}}$$

计算未知参数或未知参数函数的中误差。

第五节　参数平差应用举例

一、示例1

【例3-7】 设有水准网如图3-17所示,其中 A,B,C,D 为已知点,E,F,G 为未知点,已知点高程与各点间的观测高差及各水准路线长度如表3-1和表3-2所示。求各未知点 E,F,G 高程的平差值,并计算各点高程的中误差及高差平差值 $\bar{h}_{EF}$ 的中误差。

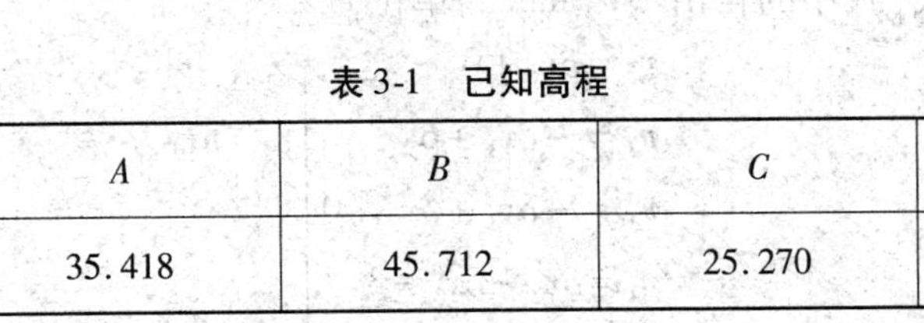

图3-17　水准网观测

表3-1　已知高程

点号	A	B	C	D
已知点高程(m)	35.418	45.712	25.270	24.678

表 3-2　观测值及平差值

编号	距离(km)	高差观测值(m)	改正数(mm)	高差平差值(m)
1	4	8.228	2	8.230
2	4	2.060	4	2.064
3	2	1.515	-1	1.514
4	4	7.477	2	7.479
5	2	12.417	-4	12.413
6	2	13.000	5	13.005

此例将用两种方法解算。

(一)常规解算法

1. 选定未知数

按题意知必要观测数 $t=3$,选取 E,F,G 三点的高程平差值 $\hat{x}_1,\hat{x}_2,\hat{x}_3$ 为参数,因为水准路线长度不同,故为非等精度观测。

2. 列误差方程

根据观测值个数 $n=6$,列出 6 个误差方程

$$\left.\begin{aligned}v_1&=\hat{x}_1-h_1-H_A\\v_2&=-\hat{x}_1-h_2+H_B\\v_3&=-\hat{x}_1+\hat{x}_2-h_3\\v_4&=\hat{x}_2-\hat{x}_3-h_4\\v_5&=\hat{x}_3-h_5-H_C\\v_6&=\hat{x}_3-h_6-H_D\end{aligned}\right\}$$

设各未知参数的近似值为

$$x_1^0=H_A+h_1=43.646(\mathrm{m})$$
$$x_2^0=H_A+h_1+h_3=45.161(\mathrm{m})$$
$$x_3^0=H_C+h_5=37.687(\mathrm{m})$$

各改正数以 $\delta\hat{x}_1,\delta\hat{x}_2,\delta\hat{x}_3$ 表示。根据

$$\left.\begin{aligned}\hat{x}_1&=x_1^0+\delta\hat{x}_1\\\hat{x}_2&=x_2^0+\delta\hat{x}_2\\\hat{x}_3&=x_3^0+\delta\hat{x}_3\end{aligned}\right\}$$

可得下列误差方程式(式中的自由项以 mm 为单位)

$$\left.\begin{aligned}v_1&=\delta\hat{x}_1+0\\v_2&=-\delta\hat{x}_1+6\\v_3&=-\delta\hat{x}_1+\delta\hat{x}_2+0\\v_4&=\delta\hat{x}_2-\delta\hat{x}_3-3\\v_5&=\delta\hat{x}_3+0\\v_6&=\delta\hat{x}_3+9\end{aligned}\right\}$$

写成矩阵形式为

$$V=\begin{pmatrix}v_1\\v_2\\v_3\\v_4\\v_5\\v_6\end{pmatrix}=\begin{pmatrix}1&0&0\\-1&0&0\\-1&1&0\\0&1&-1\\0&0&1\\0&0&1\end{pmatrix}\begin{pmatrix}\delta\hat{x}_1\\\delta\hat{x}_2\\\delta\hat{x}_3\end{pmatrix}+\begin{pmatrix}0\\6\\0\\-3\\0\\9\end{pmatrix}$$

3. 组成法方程

取 4 km 的观测高差为单位权观测，则按

$$p_i=\frac{C}{S_i}=\frac{4}{S_i}$$

定权，得观测值的权阵

$$P=\begin{pmatrix}1&0&0&0&0&0\\0&1&0&0&0&0\\0&0&2&0&0&0\\0&0&0&1&0&0\\0&0&0&0&2&0\\0&0&0&0&0&2\end{pmatrix}$$

组成法方程为

$$N\delta x+U=0$$

$$\begin{pmatrix}4&-2&0\\-2&3&-1\\0&-1&5\end{pmatrix}\begin{pmatrix}\delta\hat{x}_1\\\delta\hat{x}_2\\\delta\hat{x}_3\end{pmatrix}+\begin{pmatrix}-6\\-3\\21\end{pmatrix}=0$$

4. 解算法方程

$$N^{-1}=\begin{pmatrix}4&-2&0\\-2&3&-1\\0&-1&5\end{pmatrix}^{-1}=\frac{1}{18}\begin{pmatrix}7&5&1\\5&10&2\\1&2&4\end{pmatrix}$$

$$\delta\hat{x}=\begin{pmatrix}\delta\hat{x}_1\\\delta\hat{x}_2\\\delta\hat{x}_3\end{pmatrix}=-N^{-1}U=-\frac{1}{18}\begin{pmatrix}7&5&1\\5&10&2\\1&2&4\end{pmatrix}\begin{pmatrix}-6\\-3\\21\end{pmatrix}=\begin{pmatrix}2\\1\\-4\end{pmatrix}(\text{mm})$$

5. 计算改正数

将 $\delta\hat{x}$ 代入误差方程，计算观测值的改正数得

$$V=\begin{pmatrix}v_1\\v_2\\v_3\\v_4\\v_5\\v_6\end{pmatrix}=\begin{pmatrix}+2\\+4\\-1\\+2\\-4\\+5\end{pmatrix}(\text{mm})$$

6. 计算平差值

(1)参数平差值

$$\hat{x}_1=x_1^0+\delta\hat{x}_1=43.648(\text{m})$$
$$\hat{x}_2=x_2^0+\delta\hat{x}_2=45.162(\text{m})$$
$$\hat{x}_3=x_3^0+\delta\hat{x}_3=37.683(\text{m})$$

(2)观测值的平差值 $\hat{L}=L+V$

$$\hat{L}=\begin{pmatrix}8.230\\2.064\\1.514\\7.479\\12.413\\13.005\end{pmatrix}(\text{m})$$

7. 精度估计

$$V^{\mathrm{T}}PV=[pvv]=p_1v_1^2+p_2v_2^2+p_3v_3^2+p_4v_4^2+p_5v_5^2+p_6v_6^2=108$$

$$\mu=\pm\sqrt{\frac{V^{\mathrm{T}}PV}{n-t}}=\pm\sqrt{\frac{108}{6-3}}=\pm6.0(\text{mm})$$

(1)高差平差值 $\hat{h}_{EF}$ 的函数式为

$$\hat{h}_{EF}=-\hat{x}_1+\hat{x}_2=(-1\quad1\quad0)\begin{pmatrix}\hat{x}_1\\\hat{x}_2\\\hat{x}_3\end{pmatrix}$$

(2)计算 $\hat{h}_{EF}$ 的权倒数

$$\frac{1}{p_{\hat{h}_{EF}}}=F^{\mathrm{T}}N^{-1}F=\frac{1}{18}(-1\quad1\quad0)\begin{pmatrix}7&5&1\\5&10&2\\1&2&4\end{pmatrix}\begin{pmatrix}-1\\1\\0\end{pmatrix}=\frac{7}{18}$$

$$\frac{1}{p_{\hat{x}_1}}=\frac{7}{18},\frac{1}{p_{\hat{x}_2}}=\frac{5}{9},\frac{1}{p_{\hat{x}_3}}=\frac{2}{9}$$

$$m_{\hat{x}_1}=\mu\sqrt{\frac{1}{p_{\hat{x}_1}}}=\pm6.0\times\sqrt{\frac{7}{18}}=\pm3.7(\text{mm})$$

$$m_{\hat{x}_2}=\mu\sqrt{\frac{1}{p_{\hat{x}_2}}}=\pm6.0\times\sqrt{\frac{5}{9}}=\pm4.5(\text{mm})$$

$$m_{\hat{x}_3}=\mu\sqrt{\frac{1}{p_{\hat{X}_3}}}=\pm 6.0\times\sqrt{\frac{2}{9}}=\pm 2.8(\text{mm})$$

$$m_{\hat{h}_{EF}}=\mu\sqrt{\frac{1}{p_{\hat{h}_{EF}}}}=\pm 6.0\times\sqrt{\frac{7}{18}}=\pm 3.7(\text{mm})$$

(二)Excel 解算法

用此方法解算就没必要给参数取近似值,具体解算如下。

1. 选定未知数

按题意知必要观测数 $t=3$,选取 E,F,G 三点的高程平差值 $\hat{x}_1,\hat{x}_2,\hat{x}_3$ 为参数,因为水准路线长度不同,故为非等精度观测。

2. 列误差方程

根据观测值个数 $n=6$,列出 6 个误差方程

$$\left.\begin{aligned}v_1&=\hat{x}_1-h_1-H_A\\v_2&=-\hat{x}_1-h_2+H_B\\v_3&=-\hat{x}_1+\hat{x}_2-h_3\\v_4&=\hat{x}_2-\hat{x}_3-h_4\\v_5&=\hat{x}_3-h_5-H_C\\v_6&=\hat{x}_3-h_6-H_D\end{aligned}\right\}$$

代入已知高程和观测高差得:

$$\left.\begin{aligned}v_1&=\hat{x}_1-43.646\\v_2&=-\hat{x}_1+43.652\\v_3&=-\hat{x}_1+\hat{x}_2-1.515\\v_4&=\hat{x}_2-\hat{x}_3-7.477\\v_5&=\hat{x}_3-37.687\\v_6&=\hat{x}_3-37.678\end{aligned}\right\}$$

写成矩阵形式为:　　$V=A\hat{X}+l$

其中

$$V=\begin{pmatrix}v_1\\v_2\\v_3\\v_4\\v_5\\v_6\end{pmatrix}\qquad A=\begin{pmatrix}1&0&0\\-1&0&0\\-1&1&0\\0&1&-1\\0&0&1\\0&0&1\end{pmatrix}\qquad l=\begin{pmatrix}-43.646\\43.652\\-1.515\\-7.477\\-37.687\\-37.678\end{pmatrix}$$

3. 组成法方程

取 4 km 的观测高差为单位权观测,则按

$$p_i=\frac{C}{S_i}=\frac{4}{S_i}$$

定权,得观测值的权阵

$$P=\begin{pmatrix}1&0&0&0&0&0\\0&1&0&0&0&0\\0&0&2&0&0&0\\0&0&0&1&0&0\\0&0&0&0&2&0\\0&0&0&0&0&2\end{pmatrix}$$

在 Excel 中分别输入 A 矩阵、A 的转置阵 A^T、常数项阵及权阵,显示见图 3-18、图 3-19。

A	B	C	D	E	F	G	H	I	J
A				A的转置					
1	0	0		1	-1	-1	0	0	0
-1	0	0		0	0	1	1	0	0
-1	1	0		0	0	0	-1	1	1
0	1	-1							
0	0	1							
0	0	1							

图 3-18　A 矩阵及 A 的转置阵

L	M	N	O	P	Q	R	S
L		P					
-43.646		1	0	0	0	0	0
43.652		0	1	0	0	0	0
-1.515		0	0	2	0	0	0
-7.477		0	0	0	1	0	0
-37.687		0	0	0	0	2	0
-37.678		0	0	0	0	0	2

图 3-19　常数项阵及权阵

在 Excel 空白处选一 3 行 6 列的区域计算 A^TP,方法如下:

单击菜单"插入/函数库"显示见图 3-20。

显示"插入函数"对话框,如图 3-21 所示。

选择函数 MMULT(矩阵相乘),单击"确定"按钮,显示见图 3-22。

在"函数参数"对话框中需要分别命名 Array1 与 Array2 的数组。用鼠标单击图 3-22 所示的 Array1 右面所示的按钮▣,则可以在 Excel 里框选 A^T,单击回车键。再用鼠标单击图 3-22 所示的Array2右面所示的按钮▣,则可以在 Excel 里框选 P,单击回车键。然后用"Ctrl + Shift + Enter"进行确认,显示如图 3-23 所示。

按与刚才相同的办法求出 $N=A^TPA$,结果如图 3-24 所示。

求常数项 U 的方法和上面讲的一样,不再详讲,如图 3-25 所示。

至此法方程组成完成,结果如下:

$$\begin{pmatrix}4&-2&0\\-2&3&-1\\0&-1&5\end{pmatrix}\times\begin{pmatrix}x_1\\x_2\\x_3\end{pmatrix}+\begin{pmatrix}-84.268\\-10.507\\-143.253\end{pmatrix}=0$$

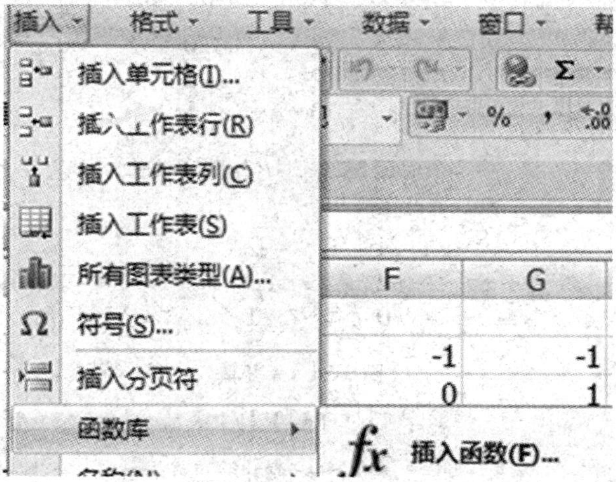

图 3-20　主菜单

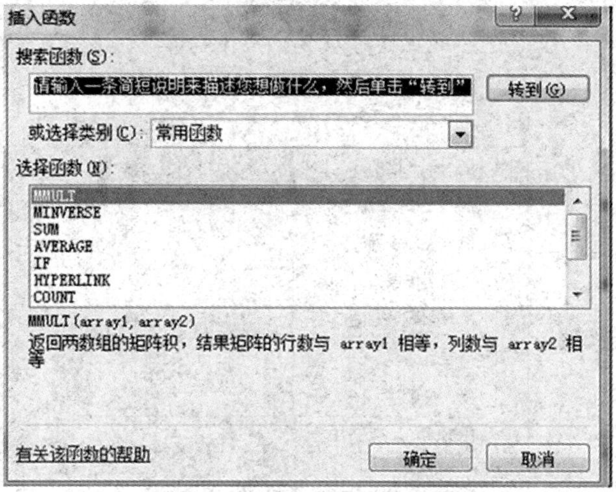

图 3-21　插入函数

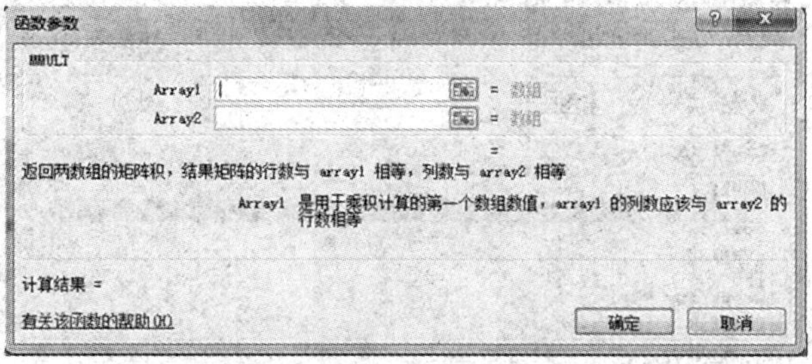

图 3-22　函数参数

4. *解算法方程*

求 N 的逆矩阵,方法如下:

在一空白处选与 N 行、列相同的区域,单击菜单"插入/函数库",如图 3-26 所示。单击"插入函数"对话框,显示如图 3-27 所示。

A^TP					
1	-1	-2	0	0	0
0	0	2	1	0	0
0	0	0	-1	2	2

图 3-23　A^TP 矩阵

N		
4	-2	0
-2	3	-1
0	-1	5

图 3-24　N 矩阵

U　(A^TPl)
-84.268
-10.507
-143.253

图 3-25　U 矩阵

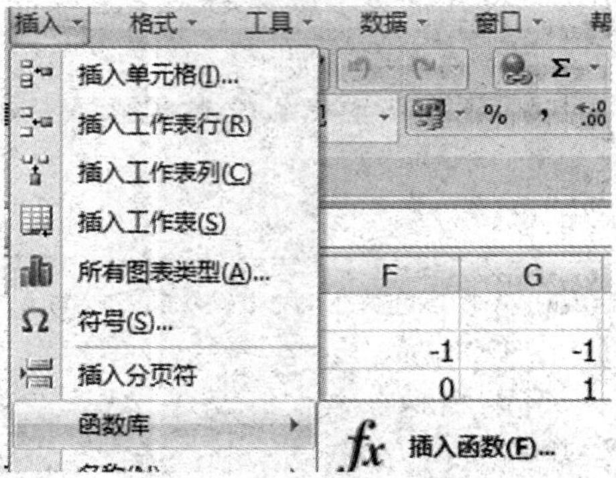

图 3-26　插入菜单

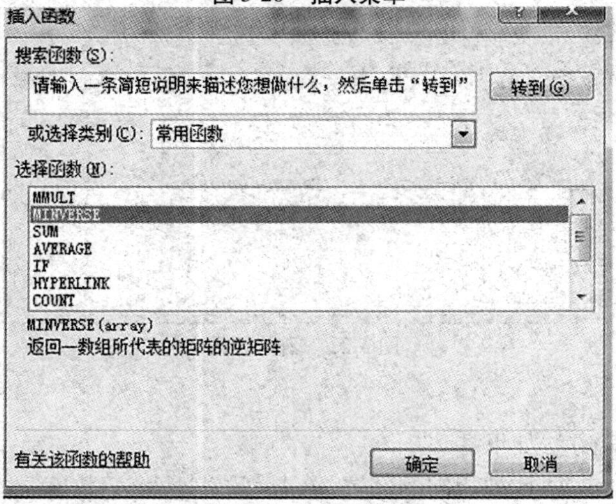

图 3-27　插入函数

在该对话框中选择 MINVERSE(逆矩阵),单击“确定”,得到如图 3-28 所示的对话框。

单击 Array 处右面的按钮,框选 N,单击回车键如图 3-29。

在此对话框下,按“Ctrl + Shift + Enter”即完成。

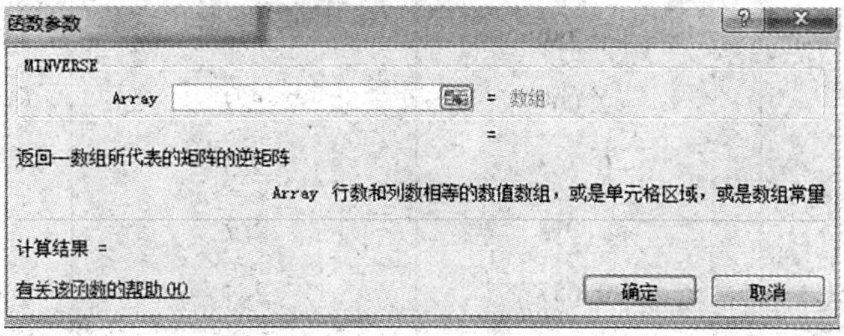

图 3-28　函数参数(一)

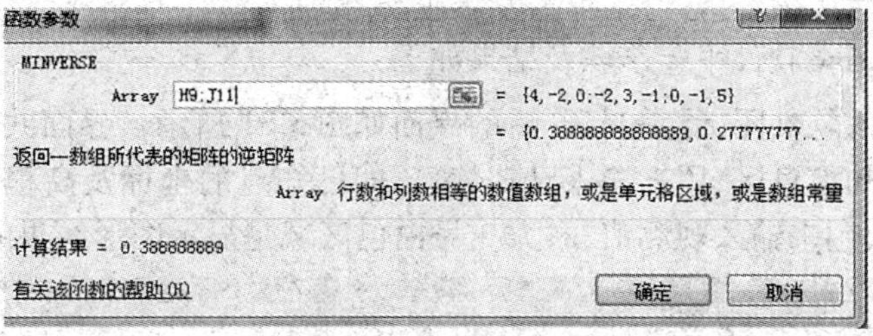

图 3-29　函数参数(二)

N 的逆矩阵如下:

0.388889	0.277778	0.055556
0.277778	0.555556	0.111111
0.055556	0.111111	0.222222

将 N^{-1} 与常数项 U 相乘得到高程平差值如下:

$$\begin{pmatrix} X_1 \\ X_2 \\ X_3 \end{pmatrix} = -N^{-1}U = -\begin{pmatrix} 0.388889 & 0.277778 & 0.055556 \\ 0.277778 & 0.555556 & 0.111111 \\ 0.055556 & 0.111111 & 0.222222 \end{pmatrix} \times \begin{pmatrix} -84.268 \\ -10.507 \\ -143.253 \end{pmatrix} = \begin{pmatrix} 43.648 \\ 45.162 \\ 37.683 \end{pmatrix} (\mathrm{m})$$

5. 精度评定

精度评定的方法和常规解算法公式相同,用 Excel 的具体解算,读者仿照上面自己完成。

二、示例 2

在如图 3-30 所示的水准网中,A,B 为已知高程的水准点,且已知高程无误差。C,D,E 点是待定点。A,B 点高程、观测高差和相应的水准路线长度如表 3-3 所示。试计算各待定点的平

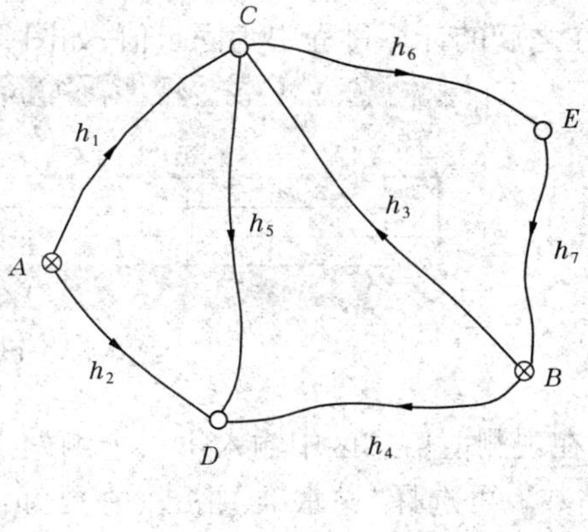

图 3-30　水准网

差高程及其中误差。

表 3-3　观测值与起始数据

路线号	观测高差(m)	水准路线长度(km)	已知高程(m)
1	+1.359	1.1	
2	+2.009	1.7	
3	+0.363	2.3	
4	+1.012	2.7	$H_A=5.016$ $H_B=6.016$
5	+0.657	2.4	
6	+0.238	1.4	
7	−0.595	2.6	

此例应用 Nasew 软件平差步骤及结果如下:

双击桌面上该软件图标,打开后的界面如图 3-31 所示。界面共分三个区域:左上方 1 号区域为已知信息区,用来输入已知信息,即已知点的坐标及高程;左下方 2 号区域为观测值信息区,用来输入观测值;右方 3 号白色区域是显示图形结果的。

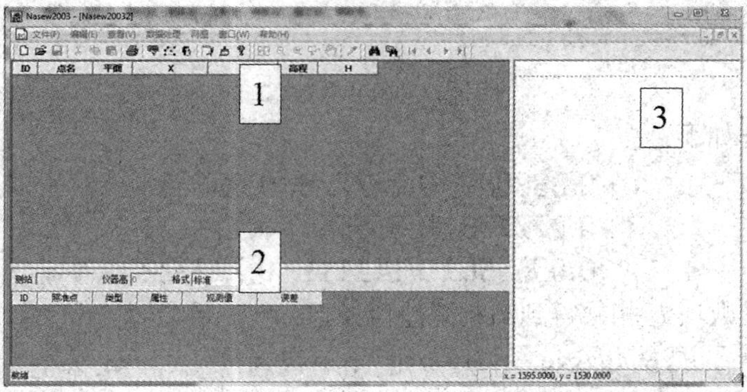

图 3-31　Nasew 软件界面

(1)在已知信息区输入已知点名称 A,B,并输入已知点 A,B 的高程,且设置其高程属性为 1,在之后的计算过程中为固定值,如图 3-32 所示。

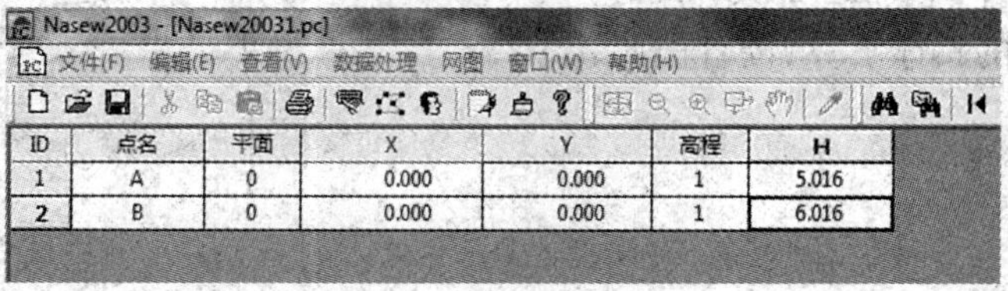

图 3-32　已知点信息

(2)在观测值信息区中输入每一个测站点的观测信息,即高差观测值和水准路线长度或测站数。可选择"站水准"格式(在已知测站数的情况下),也可选择"段水准"格式(在已知水准路线长的情况下)。在两个格式之间也可相互转换。下面以"段水准"格式为例(见图 3-33)。

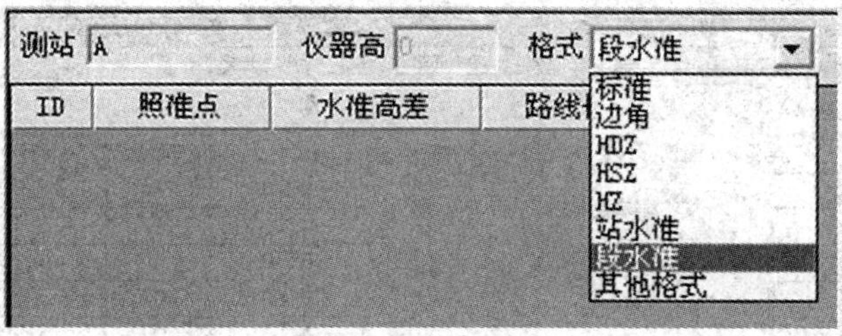

图 3-33　观测区信息

在图 3-33 中选择“段水准”后，输入以 A 点作为测站，到 C，D 两个点的观测高差及路线长。如图 3-34 所示。

图 3-34　A 点测站信息

B，C 两个测站观测信息的输入同 A 点，如图 3-35、图 3-36 所示。

图 3-35　B 点测站信息

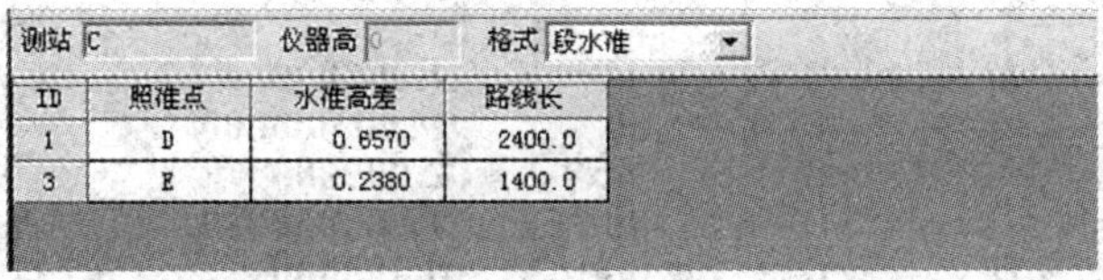

图 3-36　C 点测站信息

(3)所有数据输入完毕，并进行检查。也可选中“编辑”菜单中的“文本编辑窗”，如图 3-37 所示，然后进入文本编辑格式，对控制网数据进行编辑，如图 3-38 所示。检查无误后进行保存。

(4)选中菜单“数据处理”中的“计算方案”项，进行相应设置(见图 3-39)。

选择“计算方案—工程—高程网”，闭合差计算限差倍数为“2”，如图 3-40 所示。

选择“计算方案”对话框中选择“平差”，进行各项设置，如图 3-41 所示。

其中在“直接高差”中的 0.01 表示的是每千米高差中数先验中误差为 10 mm。

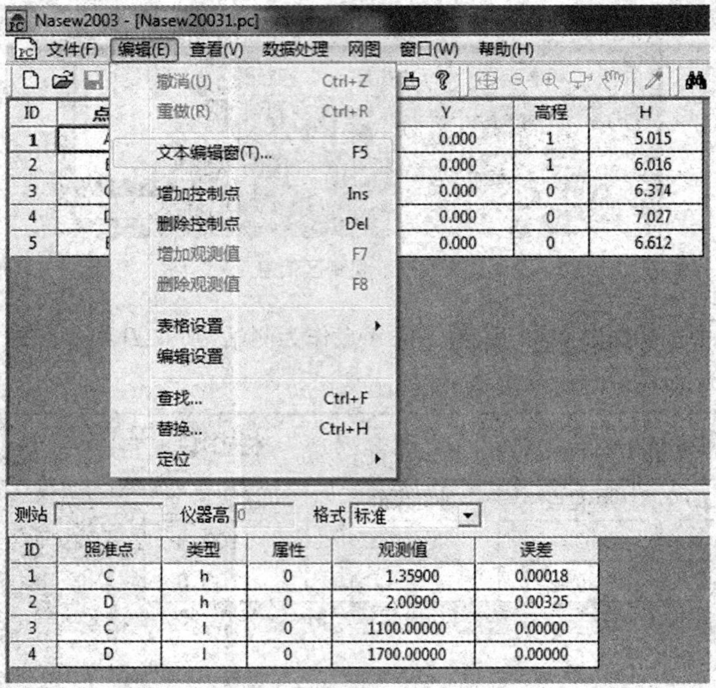

图 3-37　菜单编辑

```
<<
A          01         0.0000   0.0000   5.0160
B          01         0.0000   0.0000   6.0160
C          00         0.0000   0.0000   0.0000
D          00         0.0000   0.0000   0.0000
E          00         0.0000   0.0000   0.0000

<<

A          C          h0       1.359000
           C          l0       1100.000000
           D          h0       2.009000
           D          l0       1700.000000
B          C          h0       0.363000
           C          l0       2300.000000
           D          h0       1.012000
           D          l0       2700.000000
           E          h0       0.595000
           E          l0       2600.000000
C          D          h0       0.657000
           D          l0       2400.000000
           E          h0       0.238000
           E          l0       1400.000000
```

图 3-38　文本编辑格式

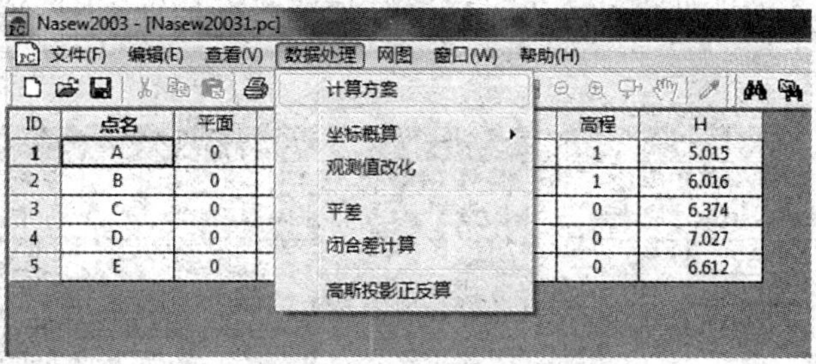

图 3-39　菜单数据处理

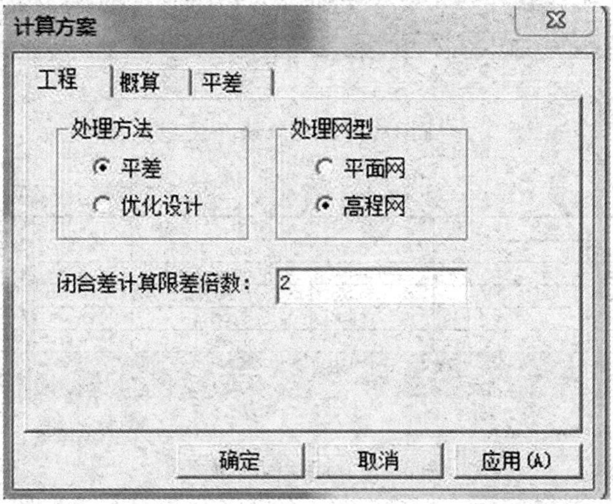

图 3-40　计算方案(一)

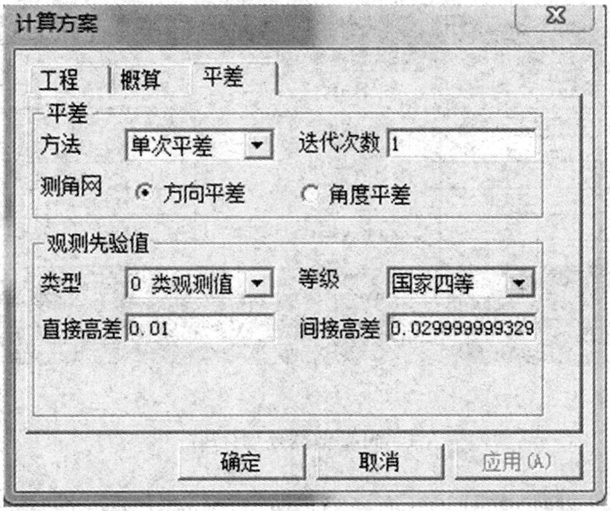

图 3-41　计算方案(二)

(5)选中菜单“数据处理”中的“坐标概算/整体概算”项(见图3-42),求出待定点的近似高程(见图3-43)。

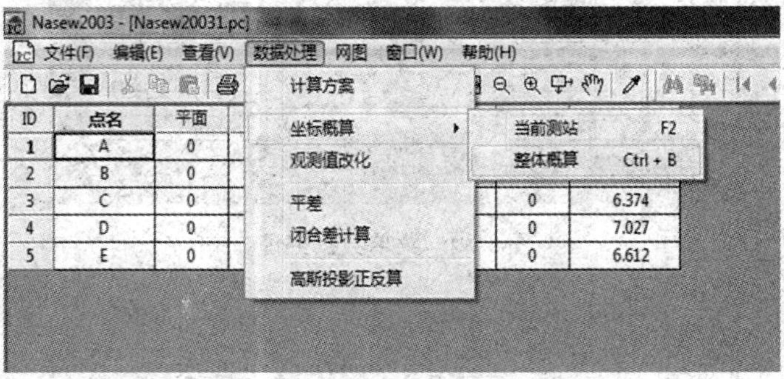

图3-42 数据处理(一)

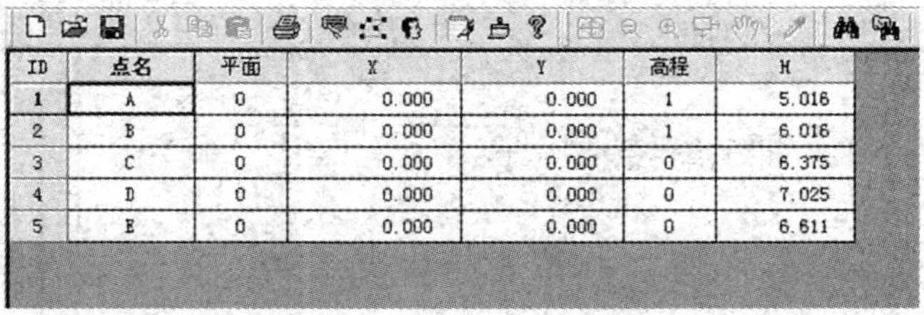

ID	点名	平面	X	Y	高程	H
1	A	0	0.000	0.000	1	5.016
2	B	0	0.000	0.000	1	6.016
3	C	0	0.000	0.000	0	6.375
4	D	0	0.000	0.000	0	7.025
5	E	0	0.000	0.000	0	6.611

图3-43 待定点近似高程

(6)选中菜单“数据处理”中的“闭合差计算”项(见图3-44),进行闭合差计算,得到闭合差信息(见图3-45)。

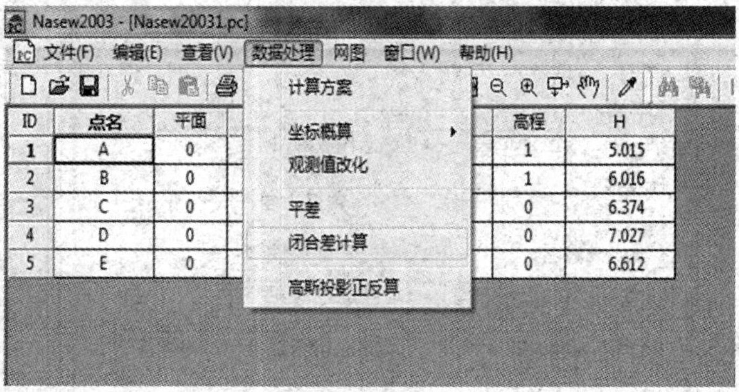

图3-44 数据处理(二)

(7)选中菜单“数据处理”中的“平差”项(见图3-46),进行平差后,得到高程平差值(见图3-47)。

(8)查看各种精度。如图3-48所示,分别单击菜单“查看”中的“基本精度表”“点位精度表”“点间精度表”,可看到各种精度结果。精度结果如图3-49~图3-51所示。

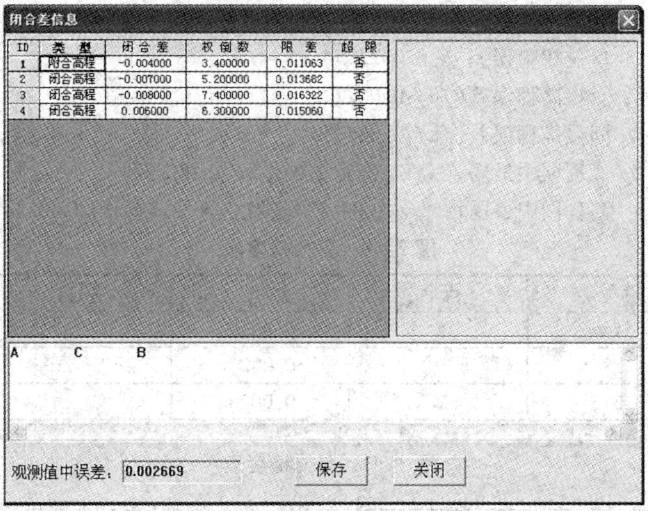

图 3-45　闭合差信息

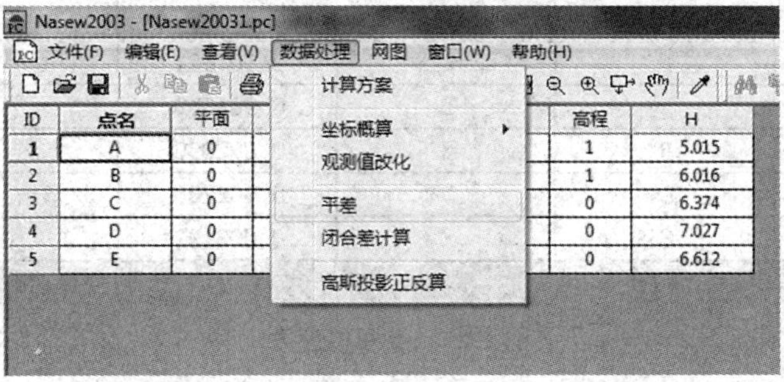

图 3-46　数据处理/平差

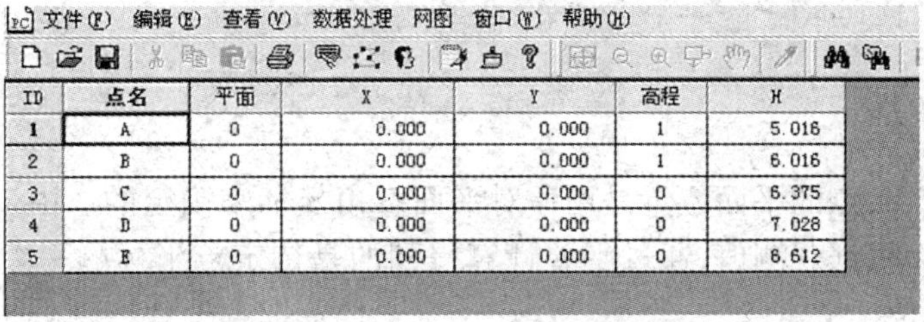

图 3-47　高程平差值

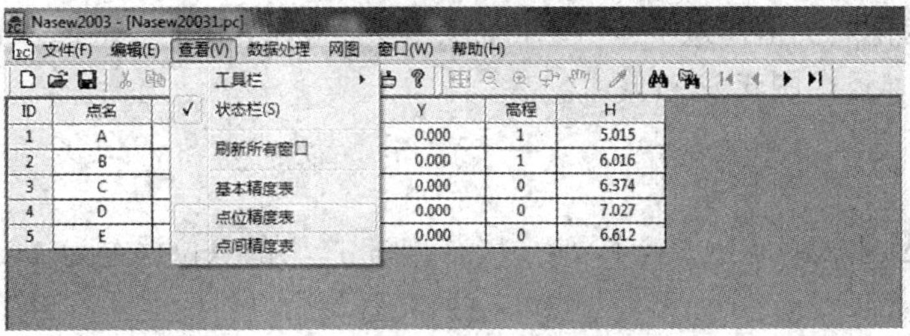

图 3-48　查看

= = = = = = = = = 网平差后精度如下 = = = = = = = = = =

单位权中误差 = 0.002225

直接高程误差(米):0.002225

间接高程误差(米):0.004450

高程网中最弱点为E, 高程中误差 = 0.002369

高程网中最弱相邻点为B－E, 相对点位中误差 = 0.002369

图 3-49　基本精度表

序号	点名	MH	备注
1	C	0.0016	
2	D	0.0020	
3	E	0.0024	

图 3-50　点位精度表

序号	点名	点名	MH	备注
1	A	C	0.001621	
2	A	D	0.001960	
3	B	C	0.001621	
4	B	D	0.001960	
5	B	E	0.002369	
6	C	D	0.002208	
7	C	E	0.002197	

图 3-51　点间精度表

第六节　误差椭圆

一、点位误差

在控制测量中,点的平面位置是用一对平面直角坐标来确定的。由于观测值总是带有随机误差,因而根据观测值,通过平差计算得到的是待定点坐标的平差值 $\hat{x},\hat{y}$,而不是待定点坐标的真值 x,y。

如图 3-52 所示,设 A 为已知点,它的坐标无误差,P 为待定点的真位置,其坐标真值为 $P(x,y)$,P'为由观测值通过平差所求得的点位,其坐标为 $P'(\hat{x},\hat{y})$,这两组坐标之间存在着误差 Δx 和 Δy,由图 3-52 可知

$$\left.\begin{aligned}\Delta x=\hat{x}-x\\ \Delta y=\hat{y}-y\end{aligned}\right\}\tag{3-72}$$

由于误差 Δx 和 Δy 而使 P 点移到了 P'点,因此产生的点位误差为 $\Delta P=\overline{PP'}$,显然有

$$\Delta P^2=\Delta x^2+\Delta y^2\tag{3-73}$$

因为 x,y 为 P 点的坐标真值,$\hat{x},\hat{y}$ 为 P 点坐标的最或然值,则有

$$E(\hat{x})=x,E(\hat{y})=y$$

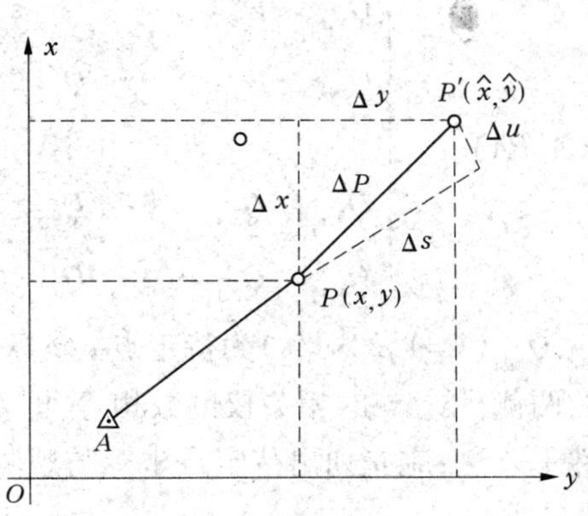

图 3-52　点位误差

根据方差的定义，并顾及式(3-72)，可得坐标估值 $\hat{x},\hat{y}$ 的方差为

$$\left.\begin{aligned}\sigma_{\hat{x}}^2 &= E\{[\hat{x}-E(\hat{x})]^2\} = E(\Delta x^2)\\ \sigma_{\hat{y}}^2 &= E\{[\hat{y}-E(\hat{y})]^2\} = E(\Delta y^2)\end{aligned}\right\} \tag{3-74}$$

则 P 点的点位方差为

$$\left.\begin{aligned}\sigma_P^2 &= E(\Delta P^2) = E(\Delta x^2) + E(\Delta y^2) = \sigma_{\hat{x}}^2 + \sigma_{\hat{y}}^2\\ \sigma_P^2 &= \sigma_{\hat{x}}^2 + \sigma_{\hat{y}}^2\end{aligned}\right\} \tag{3-75}$$

式(3-75)表明，P 点的点位方差等于 P 点在纵横坐标 x 和 y 方向上的方差之和。

如果再将 P 点的点位误差 ΔP 投影到 AP 方向和垂直于 AP 的方向上，则得 P 点的纵向误差 Δs 和横向误差 Δu（见图 3-52），此时有

$$\Delta P^2 = \Delta s^2 + \Delta u^2$$

类似于式(3-75)可写出

$$\sigma_P^2 = \sigma_s^2 + \sigma_u^2 \tag{3-76}$$

式中，σ_s^2 为纵向方差；σ_u^2 为横向方差。测量工作中也常用纵、横向方差来求定点位方差。

由式(3-75)和式(3-76)可知，点位方差 σ_P^2 总是等于两个相互垂直的方向上的坐标方差之和，即点位方差 σ_P^2 的大小与坐标系的选择无关。

$\sigma_{\hat{x}}^2$ 和 $\sigma_{\hat{y}}^2$ 分别为 P 点在纵、横坐标 x 和 y 方向上的中误差，σ_s 和 σ_u 是 P 点在 AP 边的纵向和横向上的中误差。为了衡量待定点的精度，一般是求出其点位中误差 σ_P。

待定点纵横坐标的方差按下式计算：

$$\left.\begin{aligned}\sigma_{\hat{x}}^2 &= \sigma_0^2\frac{1}{p_{\hat{x}}} = \sigma_0^2 Q_{\hat{x}\hat{x}}\\ \sigma_{\hat{y}}^2 &= \sigma_0^2\frac{1}{p_{\hat{y}}} = \sigma_0^2 Q_{\hat{y}\hat{y}}\end{aligned}\right\} \tag{3-77}$$

在参数平差中，一般以待定点的坐标作为未知数，则未知数的权逆阵就是法方程系数的逆阵。例如，设平差问题中有 s 个待定点，则未知数的协因数阵为

$$Q_{\underset{2s\times 2s}{\hat{X}\hat{X}}}=(A^{\mathrm{T}}PA)^{-1}=\begin{pmatrix} Q_{\hat{x}_1\hat{x}_1} & Q_{\hat{x}_1\hat{y}_1} & \cdots & Q_{\hat{x}_1\hat{x}_s} & Q_{\hat{x}_1\hat{y}_s} \\ Q_{\hat{y}_1\hat{x}_1} & Q_{\hat{y}_1\hat{y}_1} & \cdots & Q_{\hat{y}_1\hat{x}_s} & Q_{\hat{y}_1\hat{y}_s} \\ \vdots & \vdots & & \vdots & \vdots \\ Q_{\hat{x}_s\hat{x}_1} & Q_{\hat{x}_s\hat{y}_1} & \cdots & Q_{\hat{x}_s\hat{x}_s} & Q_{\hat{x}_s\hat{y}_s} \\ Q_{\hat{y}_s\hat{x}_1} & Q_{\hat{y}_s\hat{y}_1} & \cdots & Q_{\hat{y}_s\hat{x}_s} & Q_{\hat{y}_s\hat{y}_s} \end{pmatrix} \tag{3-78}$$

其中主对角线元素 $Q_{\hat{x}_i\hat{x}_i}$,$Q_{\hat{y}_i\hat{y}_i}(i=1,2,\cdots,s)$为待定点 i 坐标 $\hat{x}_i$,$\hat{y}_i$ 的权倒数,而相关权倒数则在相应权倒数连线的两侧。$\hat{x}_i$,$\hat{y}_i$ 的相关权倒数相等,即 $Q_{\hat{x}_i\hat{y}_i}=Q_{\hat{y}_i\hat{x}_i}$。

当平差时采用的是条件平差法,应先列出待定点坐标与观测值之间的权函数式,应用权逆阵传播公式可求得 $Q_{\hat{x}\hat{x}}$。

二、点位误差的最大值和最小值及其方向

在图 3-53 中,点 P 在某一方向 φ 上的投影值为

$$\Delta\varphi=\Delta x\cos\varphi+\Delta y\sin\varphi$$

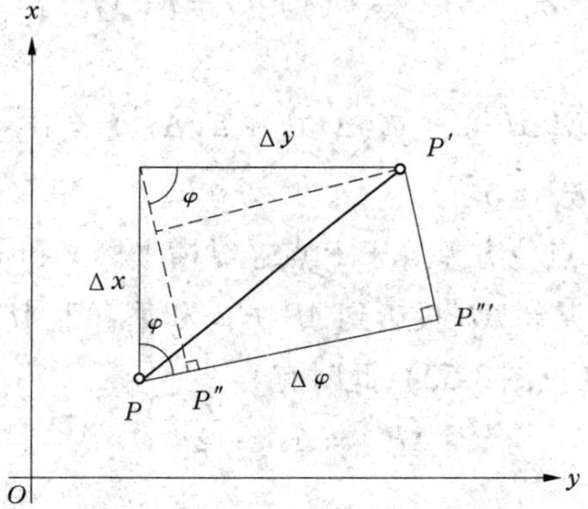

图 3-53　某个方向的点位误差

根据协因数传播定律得

$$Q_{\varphi\varphi}=Q_{\hat{x}\hat{x}}\cos^2\varphi+Q_{\hat{y}\hat{y}}\sin^2\varphi+Q_{\hat{x}\hat{y}}\sin 2\varphi$$

则 P 点在该方向上的点位方差计算公式为

$$\sigma_{\varphi}^2=\sigma_0^2Q_{\varphi\varphi}=\sigma_0^2(Q_{\hat{x}\hat{x}}\cos^2\varphi+Q_{\hat{y}\hat{y}}\sin^2\varphi+Q_{\hat{x}\hat{y}}\sin 2\varphi) \tag{3-79}$$

当 φ 取不同方向时,相应方向上的点位方差就不同。容易验证,任意两个相互垂直方向上中误差的平方和均相等,且等于 P 点的点位中误差。在众多的权倒数中,必有一对权倒数取得最大值和最小值,分别设为 Q_{EE} 和 Q_{FF}。可以证明 Q_{EE} 和 Q_{FF} 即为权逆阵 $Q_{\hat{X}\hat{X}}$ 的两个特征值。

$Q_{\hat{X}\hat{X}}$的特征方程为:

$$|Q_{\hat{X}\hat{X}}-\lambda I|=\begin{pmatrix} Q_{\hat{x}\hat{x}}-\lambda & Q_{\hat{x}\hat{y}} \\ Q_{\hat{x}\hat{y}} & Q_{\hat{y}\hat{y}}-\lambda \end{pmatrix}=0\quad(\lambda \text{ 为特征值}) \tag{3-80}$$

展开得

$$\lambda^2-(Q_{\hat{x}\hat{x}}+Q_{\hat{x}\hat{y}})\lambda+(Q_{\hat{x}\hat{x}}Q_{\hat{y}\hat{y}}-Q_{\hat{x}\hat{y}}^2)=0$$

解得

$$\lambda=\frac{1}{2}(Q_{\hat{x}\hat{x}}+Q_{\hat{x}\hat{y}})\pm\frac{1}{2}\sqrt{(Q_{\hat{x}\hat{x}}-Q_{\hat{y}\hat{y}})^2+4Q_{\hat{x}\hat{y}}^2}$$

则最大值为

$$\lambda_1=Q_{EE}=\frac{1}{2}(Q_{\hat{x}\hat{x}}+Q_{\hat{y}\hat{y}}+K) \tag{3-81}$$

最小值为

$$\lambda_2=Q_{FF}=\frac{1}{2}(Q_{\hat{x}\hat{x}}+Q_{\hat{y}\hat{y}}-K) \tag{3-82}$$

式中

$$K=\sqrt{(Q_{\hat{x}\hat{x}}-Q_{\hat{y}\hat{y}})^2+4Q_{\hat{x}\hat{y}}^2} \tag{3-83}$$

由此可求得 P 点点位误差的最大值 E 和最小值 F 为

$$E=\sigma_0\sqrt{Q_{EE}} \tag{3-84}$$

$$F=\sigma_0\sqrt{Q_{FF}} \tag{3-85}$$

将式(3-84)、式(3-85)平方再求和,并顾及式(3-81)、式(3-82),得

$$E^2+F^2=\sigma_0^2(Q_{\hat{x}\hat{x}}+Q_{\hat{y}\hat{y}})=\sigma_{\hat{x}}^2+\sigma_{\hat{y}}^2=\sigma_P^2 \tag{3-86}$$

Q_{EE}和 Q_{FF}分别表示 P 点在 φ_E 和 φ_F 方向上的权倒数,在 φ_E 方向上的点位误差具有最大值,在 φ_F 方向上的点位误差具有极小值。下面推导计算 φ_E 和 φ_F 的公式。

实际上,φ_E 和 φ_F 分别是 $Q_{\hat{X}\hat{X}}$的特征值 λ_1 和 λ_2 对应的特征向量的方位角。$Q_{\hat{X}\hat{X}}$的特征向量方程为

$$(Q_{\hat{X}\hat{X}}-\lambda I)X=0 \tag{3-87}$$

式中,X 为与 λ 对应的特征向量。设 $X=\begin{pmatrix}\hat{x}\\ \hat{y}\end{pmatrix}$,将 $\lambda=\lambda_1=Q_{EE}$代入式(3-87)得

$$\begin{pmatrix}Q_{\hat{x}\hat{x}}-Q_{EE} & Q_{\hat{x}\hat{y}}\\ Q_{\hat{x}\hat{y}} & Q_{\hat{y}\hat{y}}-Q_{EE}\end{pmatrix}\begin{pmatrix}\hat{x}\\ \hat{y}\end{pmatrix}=0$$

$$(Q_{\hat{x}\hat{x}}-Q_{EE})\hat{x}+Q_{\hat{x}\hat{y}}\hat{y}=0$$

$$Q_{\hat{x}\hat{y}}\hat{x}+(Q_{\hat{y}\hat{y}}-Q_{EE})\hat{y}=0$$

由此解得点位误差最大值的方向为

$$\tan\varphi_E=\frac{y}{x}=\frac{Q_{EE}-Q_{\hat{x}\hat{x}}}{Q_{\hat{x}\hat{y}}}=\frac{Q_{\hat{x}\hat{y}}}{Q_{EE}-Q_{\hat{y}\hat{y}}} \tag{3-88}$$

类似地,将 $\lambda=\lambda_2=Q_{FF}$代入式(3-87),得

$$(Q_{\hat{x}\hat{x}}-Q_{FF})\hat{x}+Q_{\hat{x}\hat{y}}\hat{y}=0$$

$$Q_{\hat{x}\hat{y}}\hat{x}+(Q_{\hat{y}\hat{y}}-Q_{FF})\hat{y}=0$$

解得点位误差最小值的方向为

$$\tan\varphi_F=\frac{y}{x}=\frac{Q_{FF}-Q_{\hat{x}\hat{x}}}{Q_{\hat{x}\hat{y}}}=\frac{Q_{\hat{x}\hat{y}}}{Q_{FF}-Q_{\hat{y}\hat{y}}} \tag{3-89}$$

φ_E 和 φ_F 两方向之差为 90°。

此外,还可由式(3-88)求得

$$\tan2\varphi_E=\frac{2\tan\varphi_E}{1-\tan^2\varphi_E}=\frac{\dfrac{2Q_{\hat{x}\hat{y}}}{Q_{EE}-Q_{\hat{y}\hat{y}}}}{1-\dfrac{Q_{\hat{x}\hat{y}}}{Q_{EE}-Q_{\hat{y}\hat{y}}}\cdot\dfrac{Q_{EE}-Q_{\hat{x}\hat{x}}}{Q_{\hat{x}\hat{y}}}}=\frac{2Q_{\hat{x}\hat{y}}}{Q_{\hat{x}\hat{x}}-Q_{\hat{y}\hat{y}}}$$

类似地，由式(3-89)推导得

$$\tan2\varphi_F=\frac{2Q_{\hat{x}\hat{y}}}{Q_{\hat{x}\hat{x}}-Q_{\hat{y}\hat{y}}}\tag{3-90}$$

【例 3-8】 已知某平面控制网中待定点 P 的协因数为

$$Q_{\hat{X}\hat{X}}=\begin{pmatrix}1.236 & -0.314\\ -0.314 & 1.192\end{pmatrix}$$

并已知 $\hat{\sigma}_0=1$，试求 E,F 和 φ_E 的值。

解：$K=\sqrt{(Q_{\hat{x}\hat{x}}-Q_{\hat{y}\hat{y}})^2+4Q_{\hat{x}\hat{y}}^2}=0.6295$

$$Q_{EE}=\frac{1}{2}(Q_{\hat{x}\hat{x}}+Q_{\hat{y}\hat{y}}+K)=1.528$$

$$Q_{FF}=\frac{1}{2}(Q_{\hat{x}\hat{x}}+Q_{\hat{y}\hat{y}}-K)=0.899$$

$$E=\hat{\sigma}_0\sqrt{Q_{EE}}=1.24$$

$$F=\hat{\sigma}_0\sqrt{Q_{FF}}=0.95$$

$$\tan\varphi_E=\frac{Q_{EE}-Q_{\hat{x}\hat{x}}}{Q_{\hat{x}\hat{y}}}=-0.930$$

$\varphi_E=137°$　或　$\varphi_E=317°$

$$\tan\varphi_F=\frac{Q_{FF}-Q_{\hat{x}\hat{x}}}{Q_{\hat{x}\hat{y}}}=1.073$$

$\varphi_F=47°$　或　$\varphi_F=227°$

上面已经导出求待定点在任意方向上位差的实用公式，式(3-79)中方向 φ 是从纵轴算起的。为了后面的讨论方便，现给出以极值 E、F 表示的任意方向 ψ 上的位差的实用公式，此处方向 ψ 是以极大值 E 为起始轴。公式的推导过程略，直接给出公式。

$$\sigma_\psi^2=E^2\cos\psi+F^2\sin^2\psi\tag{3-91}$$

三、误差椭圆

式(3-79)计算的任意方向 φ 上的点位误差，φ 是从纵坐标轴 x 起算的。以不同的 φ 和 σ_φ^2 为极坐标的点的轨迹，构成一闭合曲线，该曲线称为点位误差曲线。其形状如图 3-54 所示。由图 3-54 可以看出，该图形是关于 E 轴和 F 轴对称的，任意方向 φ 上的向径$\overline{OP}$就是该方向的点位中误差。

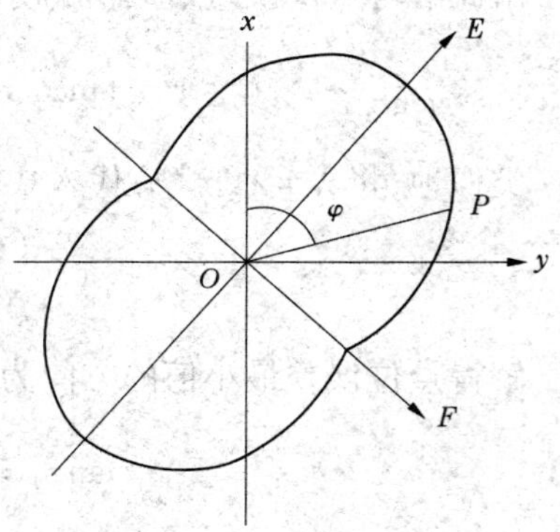

图 3-54　点位误差曲线

点位误差曲线表示的是点位误差的分布情况，但不是一种典型曲线，作图也不方便，因此降低了它的实用性。但其形状与以 E,F 为长短半轴的椭圆很相似(见图 3-55),我们把该椭圆称为误差椭圆,φ_E,E,F 称为误差椭圆参数。实用中常以点位误差椭圆代替点位误差曲线。在点位误差椭圆上可以图解出任意方向 ψ 的点位误差 σ_ψ。其方法是:自椭圆作 ψ 方向上的正交切线 PD,P 为切点,D 为垂点,则 $\sigma_\psi=OD$,如图 3-55 所示。

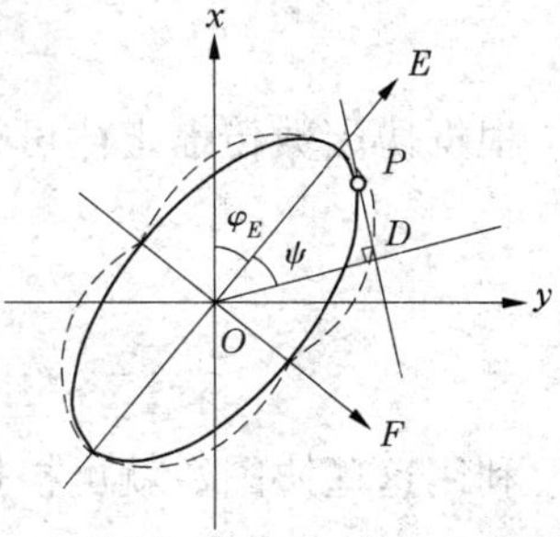

图 3-55　误差椭圆

【例 3-9】　已知某平面三角网平差,求得待定点 P 的协因数阵为

$$Q_{\hat{X}\hat{X}}=\begin{pmatrix}3.520 & -1.306\\ -1.306 & 2.990\end{pmatrix},\hat{\sigma}_0^2=5.22$$

试计算误差椭圆参数,并画出误差椭圆图。

解:
$$K=\sqrt{(Q_{\hat{x}\hat{x}}-Q_{\hat{y}\hat{y}})^2+4Q_{\hat{x}\hat{y}}^2}=2.665\ 2$$

$$Q_{EE}=\frac{1}{2}(Q_{\hat{x}\hat{x}}+Q_{\hat{y}\hat{y}}+K)=4.587\ 6$$

$$Q_{FF}=\frac{1}{2}(Q_{\hat{x}\hat{x}}+Q_{\hat{y}\hat{y}}-K)=1.922\ 4$$

误差椭圆的长半轴的长度为

$$E=\hat{\sigma}_0\sqrt{Q_{EE}}=\sqrt{5.22\times4.587\ 6}=4.89(\mathrm{dm})$$

短半轴的长度为

$$F=\hat{\sigma}_0\sqrt{Q_{FF}}=\sqrt{5.22\times1.922\ 4}=3.17(\mathrm{dm})$$

$$\tan\varphi_E=\frac{Q_{EE}-Q_{\hat{x}\hat{x}}}{Q_{\hat{x}\hat{y}}}=\frac{4.587\ 6-3.520}{-1.306}=-0.82$$

由此得长轴方向为

$$\varphi_E=141°\quad 或\quad \varphi_E=321°$$

$$\tan\varphi_F=\frac{Q_{FF}-Q_{\hat{x}\hat{x}}}{Q_{\hat{x}\hat{y}}}=1.22$$

则短轴方向为

$$\varphi_F=51°\quad 或\quad \varphi_F=231°$$

以 $E=4.89,F=3.17,\varphi_E=141°$即可画出误差椭圆,如图 3-56 所示。

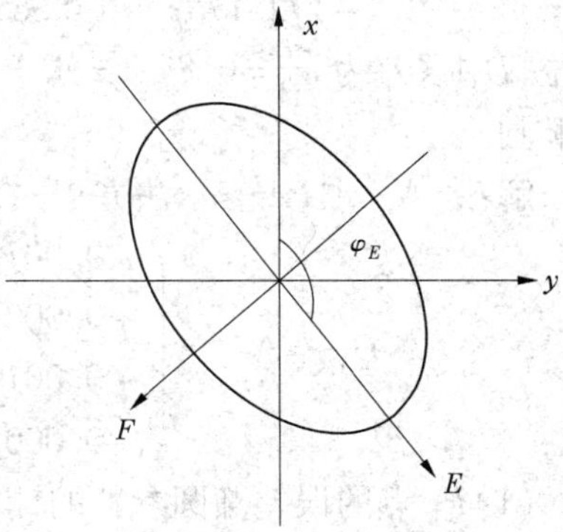

图 3-56　P 点误差椭圆

如果网中有多个待定点,则可作出多个点位的误差椭圆。

四、相对误差椭圆

利用误差椭圆可以确定已知点与待定点之间的边长中误差或方位角中误差,但不能确定待定点与待定点之间的边长中误差或方位角中误差。在平面控制网中,有时还需要了解任意两个待定点之间相对位置的精度情况,为了确定任意两个待定点之间的相对位置的精度,就需要作出两个待定点之间的相对误差椭圆。

设两个待定点为 P_i、P_k,这两点的相对位置可通过其坐标差来表示,即

$$\left.\begin{aligned}\Delta x_{ik}=\hat{x}_k-\hat{x}_i\\ \Delta y_{ik}=\hat{y}_k-\hat{y}_i\end{aligned}\right\}$$

根据协因数传播定律可得

$$\left.\begin{aligned}Q_{\Delta x\Delta x}&=Q_{\hat{x}_k\hat{x}_k}+Q_{\hat{x}_i\hat{x}_i}-2Q_{\hat{x}_k\hat{x}_i}\\ Q_{\Delta y\Delta y}&=Q_{\hat{y}_k\hat{y}_k}+Q_{\hat{y}_i\hat{y}_i}-2Q_{\hat{y}_k\hat{y}_i}\\ Q_{\Delta x\Delta y}&=Q_{\hat{x}_k\hat{y}_k}-Q_{\hat{x}_k\hat{y}_i}-Q_{\hat{x}_i\hat{y}_k}+Q_{\hat{x}_i\hat{y}_i}\end{aligned}\right\}\tag{3-92}$$

利用这些协因数就可根据下面的公式计算 P_i 与 P_k 点间相对误差椭圆的三个参数 E,F,φ_E：

$$\left.\begin{aligned}E^2&=\frac{1}{2}\hat{\sigma}_0^2\left(Q_{\Delta x\Delta x}+Q_{\Delta y\Delta y}+\sqrt{(Q_{\Delta x\Delta x}-Q_{\Delta y\Delta y})^2+4Q_{\Delta x\Delta y}^2}\right)\\ F^2&=\frac{1}{2}\hat{\sigma}_0^2\left(Q_{\Delta x\Delta x}+Q_{\Delta y\Delta y}-\sqrt{(Q_{\Delta x\Delta x}-Q_{\Delta y\Delta y})^2+4Q_{\Delta x\Delta y}^2}\right)\\ \tan\varphi_E&=\frac{Q_{EE}-Q_{\Delta x\Delta x}}{Q_{\Delta x\Delta y}}=\frac{Q_{\Delta x\Delta y}}{Q_{EE}-Q_{\Delta y\Delta y}}\end{aligned}\right\}\tag{3-93}$$

【例 3-10】 在平面控制网中插入 P_1 及 P_2 两个新点。设用参数平差法平差该网。新点坐标近似值的改正数为 δx_1、δy_1、δx_2、δy_2。其法方程为

$$\left.\begin{aligned}906.91\delta x_1+107.07\delta y_1-426.42\delta x_2-172.17\delta y_2-94.23=0\\ 107.07\delta x_1+486.22\delta y_1-177.64\delta x_2-142.65\delta y_2+41.40=0\\ -426.42\delta x_1-177.64\delta y_1+716.39\delta x_2+60.25\delta y_2+52.78=0\\ -172.17\delta x_1-142.65\delta y_1+60.25\delta x_2+444.60\delta y_2+1.06=0\end{aligned}\right\}$$

单位权中误差为 $\hat{\sigma}_0=0.8''$。试求 P_1 及 P_2 点的点位误差椭圆以及 P_1 与 P_2 点间的相对误差椭圆。

解：令 $N=A^{\mathrm{T}}PA$ 表示法方程式系数，则参数的协因数为

$$Q_{\hat{X}\hat{X}}=N^{-1}=\begin{pmatrix}+0.0016&+0.0002&+0.0010&+0.0005\\+0.0002&+0.0024&+0.0006&+0.0008\\+0.0010&+0.0006&+0.0021&+0.0003\\+0.0005&+0.0008&+0.0003&+0.0027\end{pmatrix}$$

(1)P_1 点的误差椭圆参数的计算：

$$K_1=\sqrt{(Q_{\hat{x}_1\hat{x}_1}-Q_{\hat{y}_1\hat{y}_1})^2+4Q_{\hat{x}_1\hat{y}_1}^2}=0.00089$$

$$Q_{EE}=\frac{1}{2}(Q_{\hat{x}_1\hat{x}_1}+Q_{\hat{y}_1\hat{y}_1}+K_1)=0.002445$$

$$Q_{FF}=\frac{1}{2}(Q_{\hat{x}_1\hat{x}_1}+Q_{\hat{y}_1\hat{y}_1}-K_1)=0.001555$$

$$E_{P_1}^2=\sigma_0^2Q_{EE}=0.00157$$

$$F_{P_1}^2=\sigma_0^2Q_{FF}=0.00099$$

则

$$E_{P_1}=0.040,F_{P_1}=0.032$$

$$\tan\varphi_{E_1}=\frac{Q_{EE}-Q_{\hat{x}\hat{x}}}{Q_{\hat{x}\hat{y}}}=4.225$$

则　　$$\varphi_{E_1}=76°41'$$

(2)P_2 点的误差椭圆参数的计算:

算法同(1),得

$E_{P_2}=0.042, F_{P_2}=0.036$

$\varphi_{E_2}=67°31'$

(3)P_1 与 P_2 点间的相对误差椭圆参数的计算:

根据式(3-92)求得

$$Q_{\Delta x\Delta x}=0.0017, Q_{\Delta y\Delta y}=0.0035$$
$$Q_{\Delta x\Delta y}=-0.0006$$

根据式(3-93)求得

$$E^2_{P_1P_2}=0.0024$$
$$E_{P_1P_2}=0.049$$

同理　　$$F_{P_1P_2}=0.031$$

相对误差椭圆的 E 轴方向为

$$\varphi_{E_{P_1P_2}}=106°51'$$

根据以上数据即可绘出 P_1、P_2 点的点位误差椭圆以及 P_1、P_2 点间的相对误差椭圆,相对误差椭圆一般是画在有关两点连线的中间部分。图 3-57 中以 O 点为中心的椭圆即为相对误差椭圆。在相对误差椭圆上用图解法量取所需要的任意方向上的位差大小。例如,要确定 P_1 点与 P_2 点间的边长 $S_{P_1P_2}$ 的中误差,则可作 P_1P_2 的垂线,并使垂线与相对误差椭圆相切,则垂足 e 至中心 O 的长度 Oe 即为 $\sigma_{S_{P_1P_2}}$。同样也可作出与 P_1、P_2 连线相垂直方向 Of 上的垂足 g,则 Og 就是 P_1P_2 边的横向位差,进而可以求出 P_1P_2 边的方位角误差。

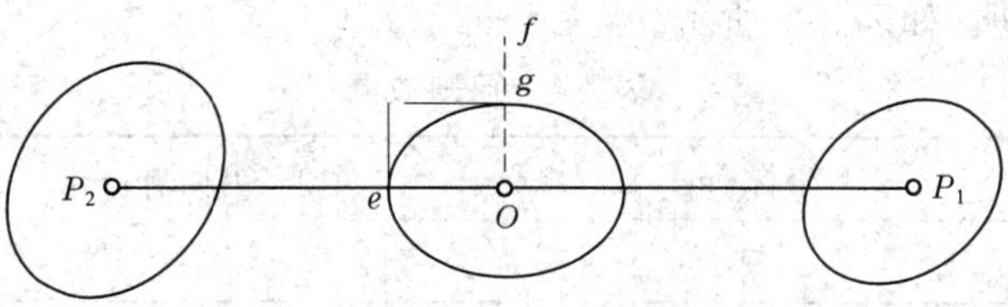

图 3-57　相对误差椭圆

在测量工作中,特别是在精度要求较高的工程测量中,往往利用点位误差椭圆对布网方案进行精度分析。因为在确定点位误差椭圆的三个元素 φ_E,E,F 时,除了单位权中误差 $\hat{\sigma}_0$ 外,只需要知道各个协因数 Q_{ij} 的大小。而协因数阵 $Q_{\hat{X}\hat{X}}$ 是相应平差问题的法方程式系数的逆阵,即 $Q_{\hat{X}\hat{X}}=(B^{T}PB)^{-1}$。当在适当的比例尺的地形图上设计了控制网的点位以后,可以从图上量取各边边长和方位角的概略值,根据这些可以算出误差方程的系数,而观测值的权则可根据需要事先加以确定,因此可以求出该网的协因数阵 $Q_{\hat{X}\hat{X}}$;另外,根据设计中所拟定的观测仪器来确定单位权中误差 $\hat{\sigma}_0$ 的大小,这样就可以估算出 φ_E,E,F 等数值了。如果估算的结果符合工程建设对控制网所提出的精度要求,则可认为该设计方案是可采用的,否则,可改变设计方案,重新估算,以达到预期的精度要求。有时也可以根据不同设计方案的精度要求,同时考虑到各种因素,例如,建网的经费开支,施测工期的长短,布网的难易程度等,在满足精度要求的前提下,从中选择最优的布网方案。

第七节　三角网坐标平差示例

图 3-58 表示在高级点 A,B 下加密 P_1,P_2 两点的三角网,观测了 12 个方向值 L_1,L_2,…,L_{12}。测角中误差为 $m_\beta = \pm 2.5''$,测距的精度为 $m_D = \pm(10\ \text{mm} + 5 \times 10^{-6} D)$。试平差此三角网,并求:

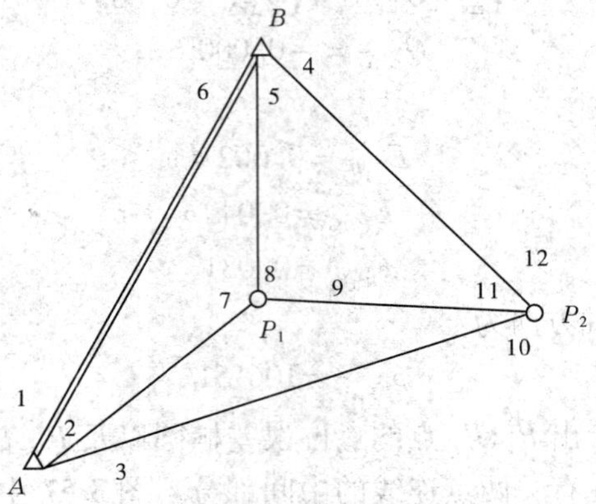

图 3-58　三角网

(1)待定点 P_1,P_2 两点的坐标平差值及其中误差。

(2)P_1,P_2 两点间的相对点位中误差。

先由高级网的成果表中取得起算数据,如表 3-4 所示;再由外业成果中取得算至高斯平面上的方向观测值,如表 3-5 所示。

表 3-4　已知数据

点名	坐标(m)		坐标方位角(° ′ ″)	边长(m)
	x	y		
A	6 613.389	63 471.447	12　47　17.30	8 376.206
B	14 781.825	65 325.492		

表 3-5　方向观测值

测站	照准点	方向号	方向值(° ′ ″)
A	B	1	0　00　00.0
	P_1	2	23　45　13.4
	P_2	3	44　43　36.1
B	P_2	4	0　00　00.0
	P_1	5	30　52　42.5
	A	6	59　18　48.1

续表 3-5

测站	照准点	方向号	方向值 (° ′ ″)
P_1	A	7	0 00 00.0
	B	8	127 48 39.0
	P_2	9	234 39 20.2
P_2	A	10	0 00 00.0
	P_1	11	33 40 52.6
	B	12	75 57 31.5

应用 Nasew 软件平差步骤及结果如下：

(1)如图 3-59 所示，在测量信息区输入已知点名，并输入已知点 A,B 的坐标，且设置其平面属性为 1，在之后的计算过程中为固定值。

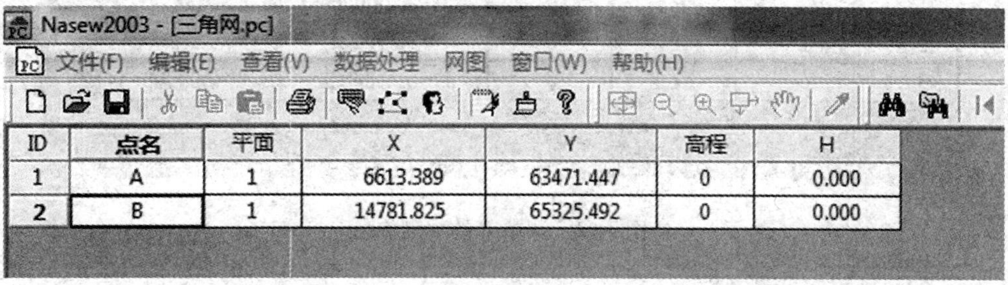

图 3-59　已知点 A、B 信息

(2)如图 3-60 所示，在观测信息区输入每一个测站点的观测信息，即方向观测值。因为观测值是方向值，所以可选择“标准”格式，也可选择“HZ”格式。在两个格式之间也可相互转换。由于本题中有已知方位角及边长，下面以“标准”格式为例。输入顺序可为：

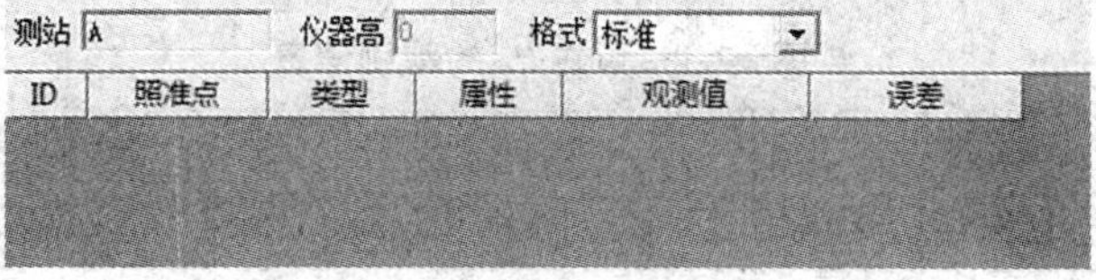

图 3-60　观测信息输入格式

①以 A 为测站点，B 为定向点(定向点的方向值必须为零)，需输入照准 B,P_1,P_2 点的方向值，以及 A,B 方向的已知坐标方位角及边长。测站 A 的观测信息如图 3-61 所示。

②以 B 点作为测站点时，以 P_2 为定向点，照准 P_1、A 点，测站 B 的观测信息如图 3-62 所示。

③以 P_1 点作为测站点时，以 A 为定向点，照准 B、P_2 点，测站 P_1 的观测信息如图 3-63 所示。

④以 P_2 点作为测站点时，以 A 为定向点，照准 B、P_1 点，测站 P_2 的观测信息如图 3-64 所示。

测站 A　仪器高 0　格式 标准

ID	照准点	类型	属性	观测值	误差
1	B	c	0	0.00000	-0.00000
2	P1	c	0	23.45134	-0.00000
3	P2	c	0	44.43361	-0.00000
4	B	a	1	12.471730	-0.00000
5	B	d	1	8376.206	-0.00000

图 3-61　测站 A 的观测信息

测站 B　仪器高 0　格式 标准

ID	照准点	类型	属性	观测值	误差
1	P2	c	0	-0.00000	-0.00000
2	P1	c	0	30.52425	-0.00000
3	A	c	0	59.18481	-0.00000

图 3-62　测站 B 的观测信息

测站 P1　仪器高 0　格式 标准

ID	照准点	类型	属性	观测值	误差
1	A	c	0	0.00000	-0.00000
2	B	c	0	127.48390	-0.00000
3	P2	c	0	234.39202	-0.00000

图 3-63　测站 P_1 的观测信息

测站 P2　仪器高 0　格式 标准

ID	照准点	类型	属性	观测值	误差
1	A	c	0	0.00000	-0.00000
2	P1	c	0	33.40526	-0.00000
3	B	c	0	75.57315	-0.00000

图 3-64　测站 P_2 的观测信息

(3)所有数据输入完毕,并进行检查。也可选中“编辑”菜单中的“文本编辑窗”,按文本编辑格式对控制网数据进行编辑。检查无误后进行保存(见图 3-65)。

(4)选中菜单“数据处理”中的“计算方案”项,进行相应设置(见图 3-66)。

单击“平差”按钮,然后根据题目中的测距精度输入测距固定误差和比例误差,如

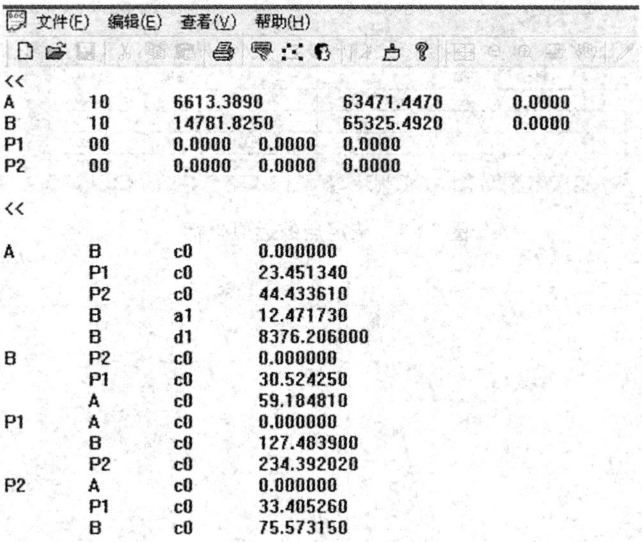

```
文件(F)  编辑(E)  查看(V)  帮助(H)
<<
A     10    6613.3890            63471.4470    0.0000
B     10    14781.8250           65325.4920    0.0000
P1    00    0.0000     0.0000    0.0000
P2    00    0.0000     0.0000    0.0000

<<

A     B     c0    0.000000
      P1    c0    23.451340
      P2    c0    44.433610
      B     a1    12.471730
      B     d1    8376.206000
B     P2    c0    0.000000
      P1    c0    30.524250
      A     c0    59.184810
P1    A     c0    0.000000
      B     c0    127.483900
      P2    c0    234.392020
P2    A     c0    0.000000
      P1    c0    33.405260
      B     c0    75.573150
```

图 3-65　文本编辑窗

图 3-67所示。其中固定误差是以“m”为单位的,比例误差是以“10^{-6}”为单位的;方向误差为$\frac{m_\beta}{\sqrt{2}}=\frac{\pm 2.5''}{\sqrt{2}}=\pm 1.8''$,所以应输入“0.000 18”。

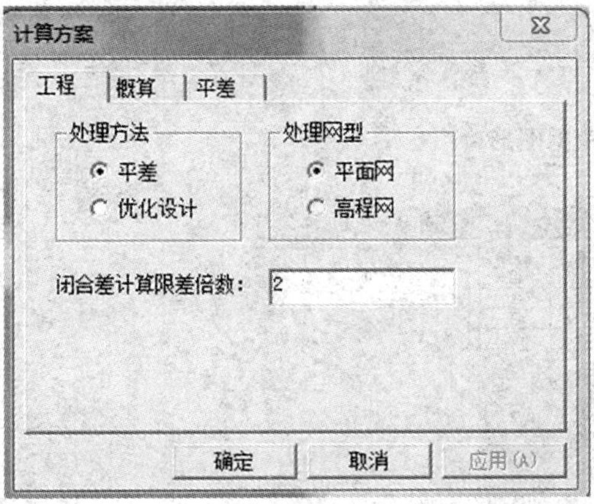

图 3-66　“计算方案”对话框

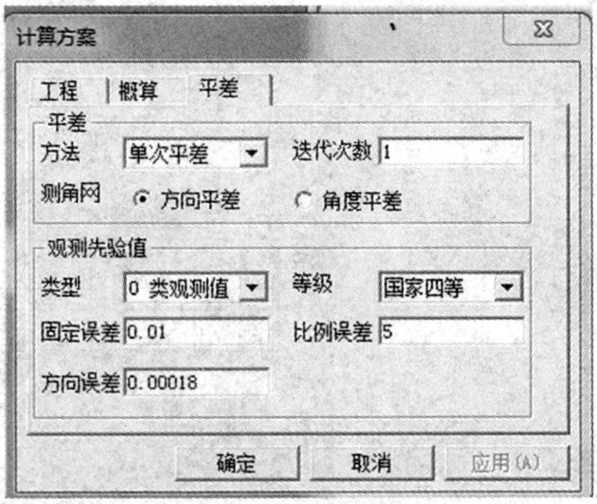

图 3-67　计算方案中“平差”选项

(5)选中菜单“数据处理”中的“坐标概算/整体概算”项,求出待定点的近似坐标(见图 3-68),这时该三角网的图形就会在 3 号区域显示出来(见图 3-69)。

(6)选中菜单“数据处理”中的“闭合差”项,进行闭合差计算得到闭合差信息(见图 3-70)。

(7)选中菜单“数据处理”中的“平差”项,进行平差,得到平差后坐标(见图 3-71)。

(8)查看各种精度。分别单击菜单“查看”中的“基本精度表”“点位精度表”“点间精

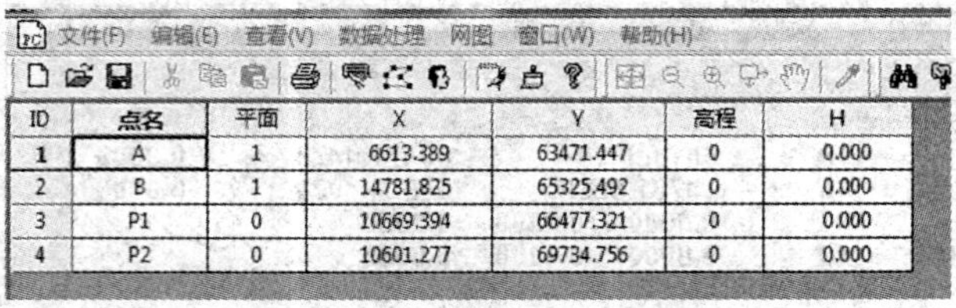

ID	点名	平面	X	Y	高程	H
1	A	1	6613.389	63471.447	0	0.000
2	B	1	14781.825	65325.492	0	0.000
3	P1	0	10669.394	66477.321	0	0.000
4	P2	0	10601.277	69734.756	0	0.000

图 3-68　待定点的近似坐标

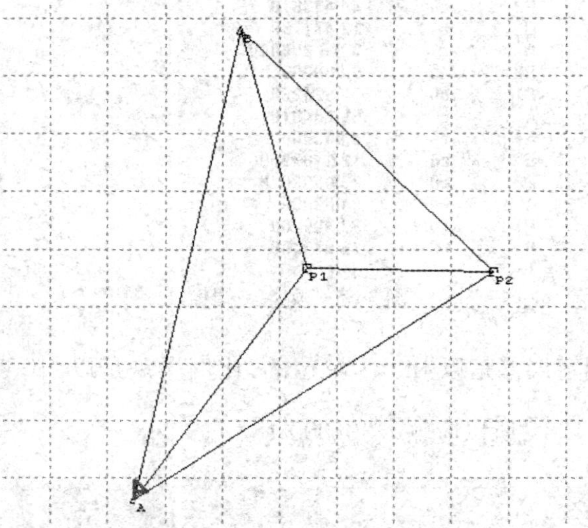

图 3-69　三角网图形

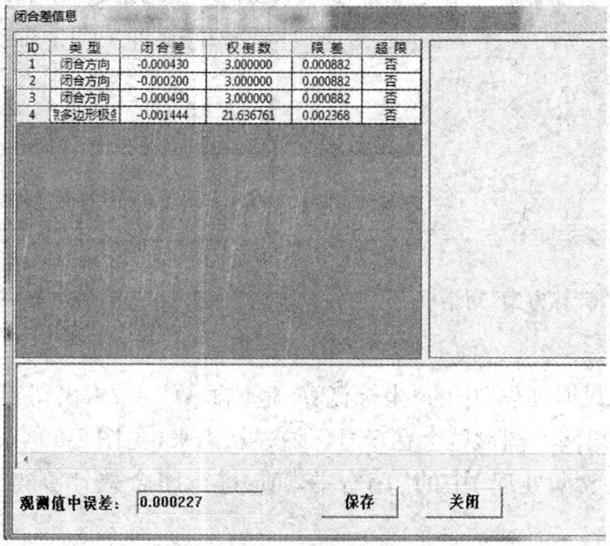

ID	类型	闭合差	权倒数	限差	超限
1	闭合方向	-0.000430	3.000000	0.000882	否
2	闭合方向	-0.000200	3.000000	0.000882	否
3	闭合方向	-0.000490	3.000000	0.000882	否
4	多边形极条	-0.001444	21.636761	0.002368	否

图 3-70　闭合差信息

ID	点名	平面	X	Y	高程	H
1	A	1	6613.389	63471.447	0	0.000
2	B	1	14781.825	65325.492	0	0.000
3	P1	0	10669.338	66477.338	0	0.000
4	P2	0	10601.243	69734.829	0	0.000

图 3-71　平差后坐标值

度表”,可看到各种精度结果,分别如图 3-72 ~ 图 3-74 所示。

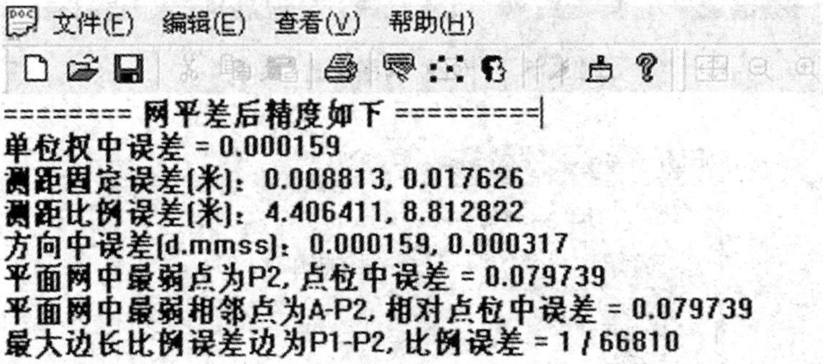

======== 网平差后精度如下 =========
单位权中误差 = 0.000159
测距固定误差[米]：0.008813, 0.017626
测距比例误差[米]：4.406411, 8.812822
方向中误差[d.mmss]：0.000159, 0.000317
平面网中最弱点为P2, 点位中误差 = 0.079739
平面网中最弱相邻点为A-P2, 相对点位中误差 = 0.079739
最大边长比例误差边为P1-P2, 比例误差 = 1 / 66810

图 3-72　基本精度表

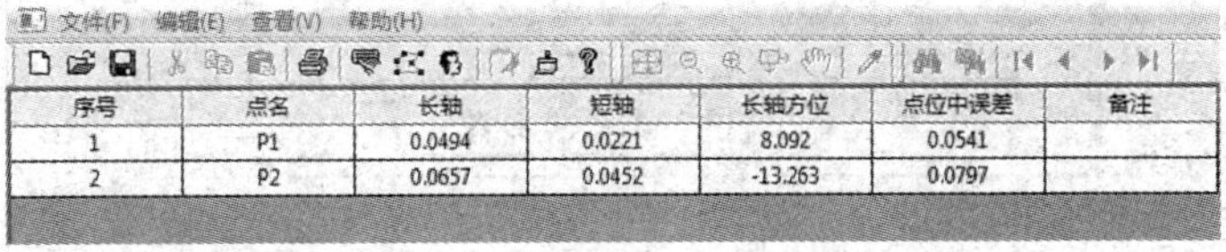

序号	点名	长轴	短轴	长轴方位	点位中误差	备注
1	P1	0.0494	0.0221	8.092	0.0541	
2	P2	0.0657	0.0452	-13.263	0.0797	

图 3-73　点位精度表

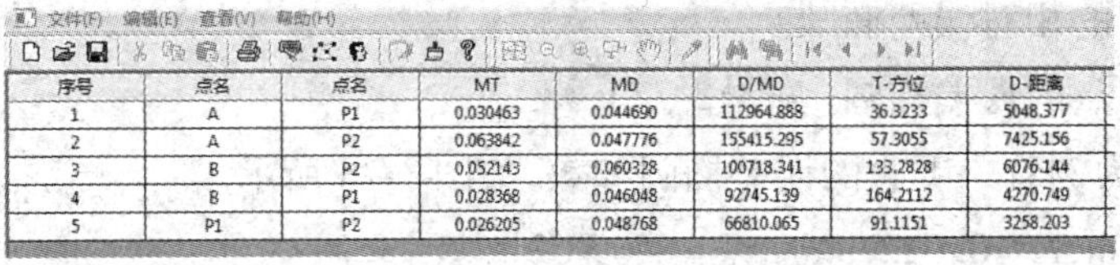

序号	点名	点名	MT	MD	D/MD	T-方位	D-距离
1	A	P1	0.030463	0.044690	112964.888	36.3233	5048.377
2	A	P2	0.063842	0.047776	155415.295	57.3055	7425.156
3	B	P2	0.052143	0.060328	100718.341	133.2828	6076.144
4	B	P1	0.028368	0.046048	92745.139	164.2112	4270.749
5	P1	P2	0.026205	0.048768	66810.065	91.1151	3258.203

图 3-74　点间精度表

(9)查看表示待定点精度的误差椭圆及表示点与点间相对精度的相对误差椭圆。

单击菜单“网图”中的“网图配置”，打开“图形配置”对话框，选中“误差椭圆”，如图 3-75、图 3-76 所示。

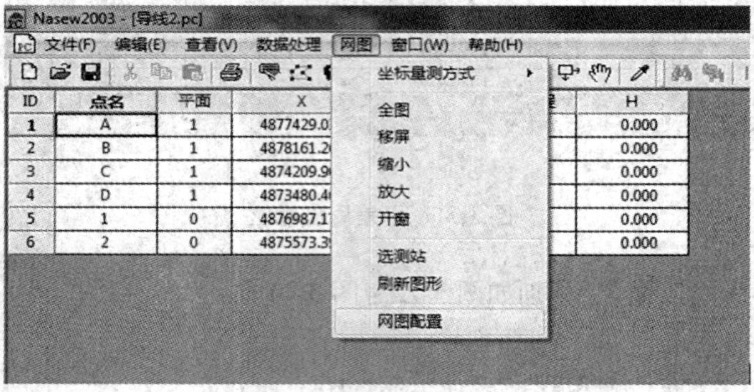

图 3-75　“网图/网图配置”菜单

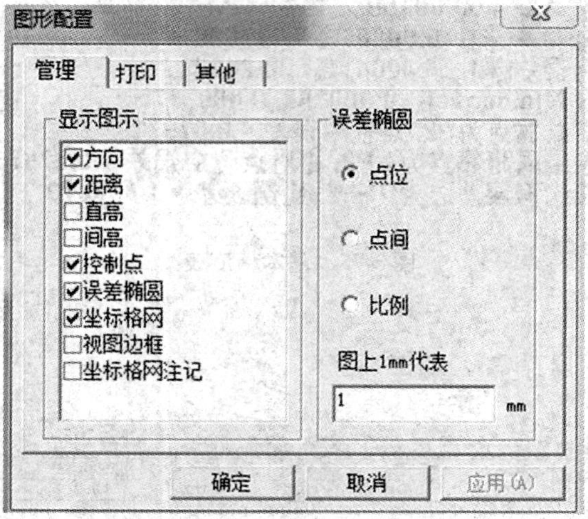

图 3-76　图形配置

在“误差椭圆”项中若选取“点位”，即可显示待定点的误差椭圆，若选取“点间”，则可显示各个点间的相对误差椭圆。

①P_1 点、P_2 点的误差椭圆（见图 3-77）。

②以 P_1 点为例看一下它的误差椭圆参数，如图 3-78 所示。

其中：$E = 0.094$ m，$F = 0.022\ 1$ m；$\varphi_E = 8°09''02'$。

③各个点间的相对误差椭圆（见图 3-79）。

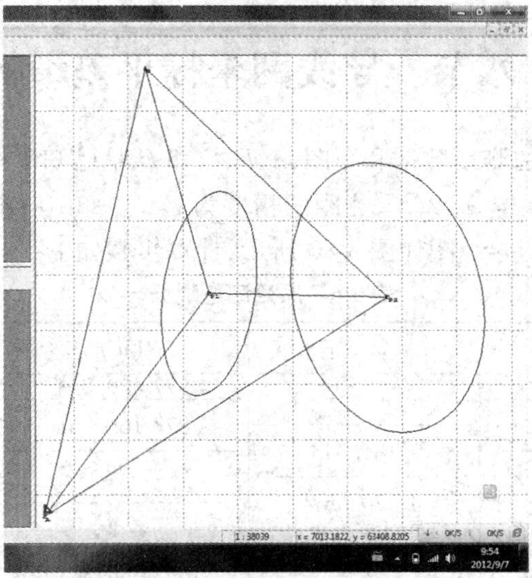

图 3-77　P_1、P_2 点的误差椭圆

序号	点名	长轴	短轴	长轴方位	点位中误差	备注
1	P1	0.0494	0.0221	8.092	0.0541	
2	P2	0.0657	0.0452	-13.263	0.0797	

图 3-78　P_1 点的误差椭圆参数

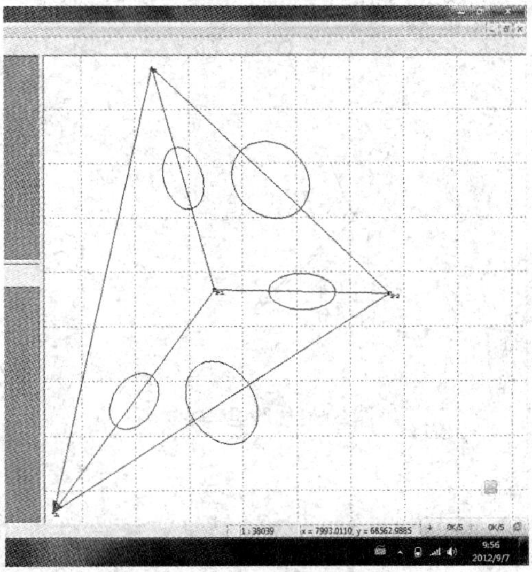

图 3-79　相对误差椭圆

第八节　导线网坐标平差举例

这是一条附合导线的测量数据和简图，A、B、C 和 D 是已知坐标点，1、2 号点是待测的控制点，测角的精度为 $m_\beta = \pm 12.5''$，测距的精度为 $m_D = \pm(10\ \text{mm} + 10 \times 10^{-6} D)$。原始测量数据如表 3-6 所示。导线图如图 3-80 所示，计算步骤如下。

表 3-6　原始测量数据

测站点	角度(°)	距离(m)	X (m)	Y(m)
A			4 877 429.033	433 859.119
B	323.254 008	1 181.343	4 878 161.261	434 540.179
1	189.371 513	1 470.557		
2	184.364 493	1 456.495		
C	116.151 005		4 874 209.904	433 492.535
D			4 873 480.466	434 176.582

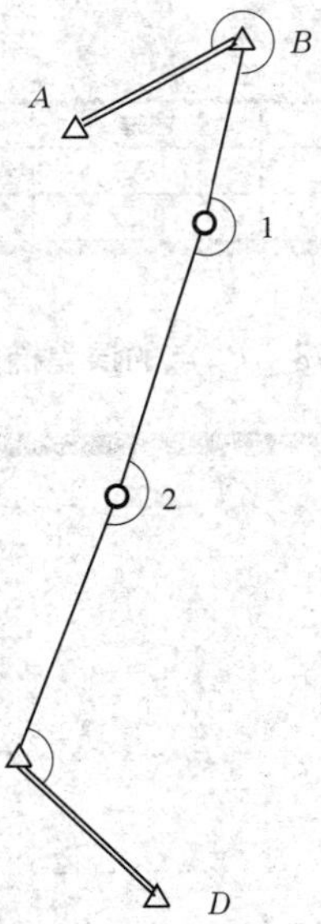

图 3-80　附合导线

一、已知信息输入

如图 3-81 所示，在已知信息区中输入已知坐标点 A，B，C，D 的坐标，且设置其属性为 1，在之后的计算过程中为固定值。

在观测值信息区中输入每一个测站点的观测信息，根据控制网的类型选择数据输入格式，此控制网为边角网，选择“边角”格式，如图 3-82 所示。

ID	点名	平面	X	Y	高程	H
1	A	1	4877429.033	433859.119	0	0.000
2	B	1	4878161.261	434540.179	0	0.000
3	C	1	4874209.904	433492.535	0	0.000
4	D	1	4873480.466	434176.582	0	0.000

图 3-81　已知坐标点信息

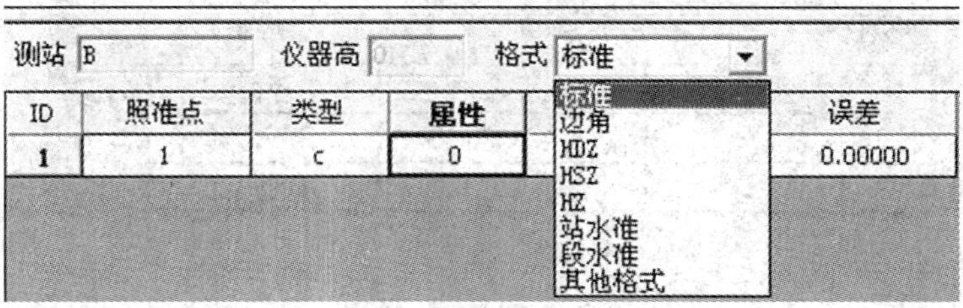

图 3-82　观测信息区

(1)以 B 点为测站,A 为定向点时(定向点的方向值必须为零),照准 1 号点,输入测站 B 的观测信息,如图 3-83 所示。

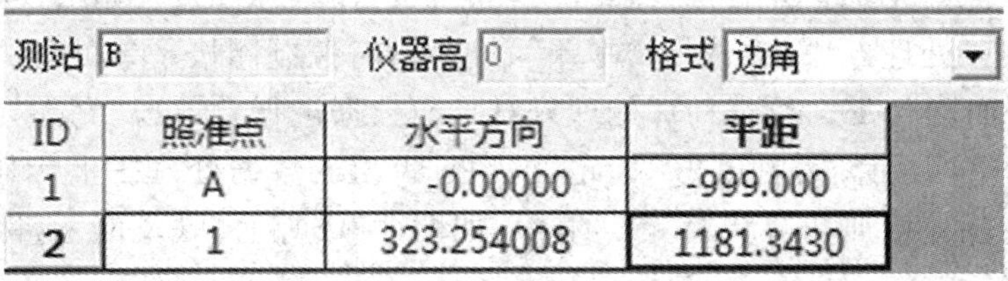

ID	照准点	水平方向	平距
1	A	-0.00000	-999.000
2	1	323.254008	1181.3430

图 3-83　测站 B 的观测信息

(2)以 1 号点作为测站点,以 B 为定向点,照准 2 号点,输入测站 1 的观测信息,如图 3-84 所示。

ID	照准点	水平方向	平距
1	B	-0.00000	-999.000
2	2	189.37151	1470.5570

图 3-84　测站 1 的观测信息

(3)以 2 号点为测站点,以 1 号点为定向点,照准 C 点,输入测站 2 的观测信息,如图 3-85 所示。

(4)以 C 点为测站点,以 2 号点为定向点,照准 D 点,数据输入测站 C 的观测信息,如图 3-86 所示。

以上数据输完后,单击菜单"文件\另存为",将输入的数据保存为 Nasew 数据格式文件。

测站 2　仪器高 0　格式 边角

ID	照准点	水平方向	平距
1	1	-0.00000	-999.000
2	C	184.36449	1456.4950

图 3-85　测站 2 的观测信息

测站 C　仪器高 0　格式 边角

ID	照准点	水平方向	平距
1	2	-0.00000	-999.000
2	D	116.15101	-999.000

图 3-86　测站 *C* 的观测信息

二、整体概算

选中菜单“数据处理”组中的“计算方案”项，可打开一对话框，如图 3-87 所示，单击“工程”选项，在“处理方法”中选择“平差”，则表示对控制网按平差处理；选中“处理网型”项中的“平面网”，那么所有计算处理只对平面数据进行。单击“平差”选项，进行各项设置，如图 3-88 所示，然后单击“确定”按钮。单击“数据处理—坐标概算—整体概算”，如图 3-89 所示。则可算出待定点坐标，如图 3-90 所示，以及网图，网图如图 3-91 所示。

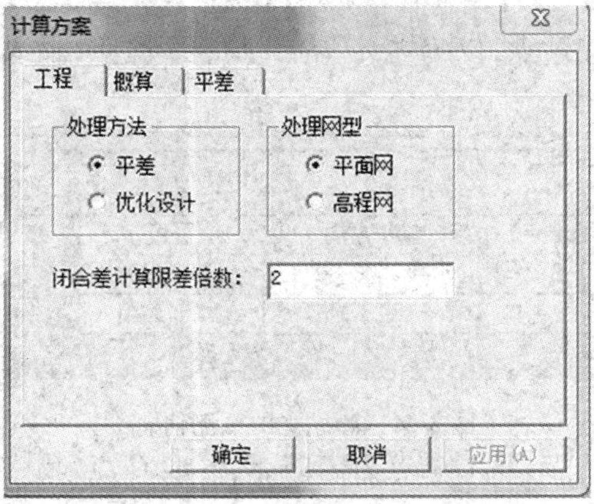

图 3-87　计算方案

三、闭合差计算

选中菜单“数据处理”中的“闭合差”项，进行闭合差计算，得到闭合差信息，如图3-92所示。

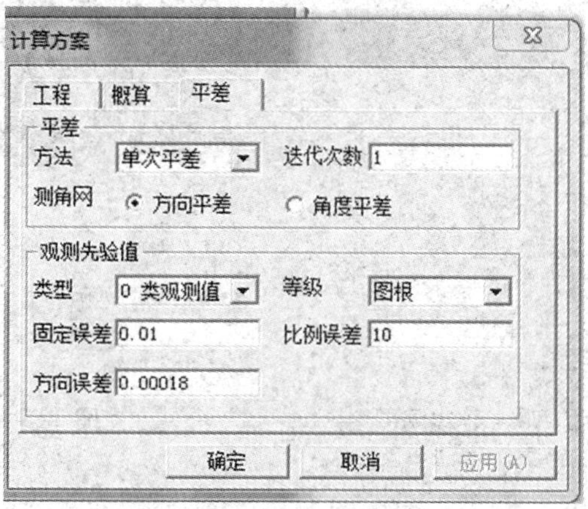

图3-88　计算方案“平差”选项

图3-89　菜单“数据处理/坐标概算”

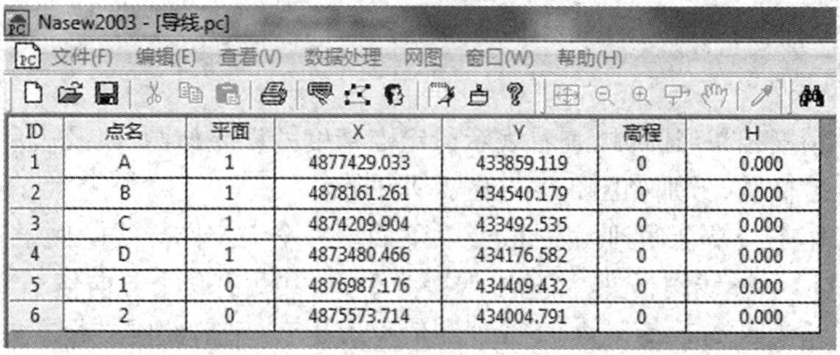

ID	点名	平面	X	Y	高程	H
1	A	1	4877429.033	433859.119	0	0.000
2	B	1	4878161.261	434540.179	0	0.000
3	C	1	4874209.904	433492.535	0	0.000
4	D	1	4873480.466	434176.582	0	0.000
5	1	0	4876987.176	434409.432	0	0.000
6	2	0	4875573.714	434004.791	0	0.000

图3-90　待定点坐标

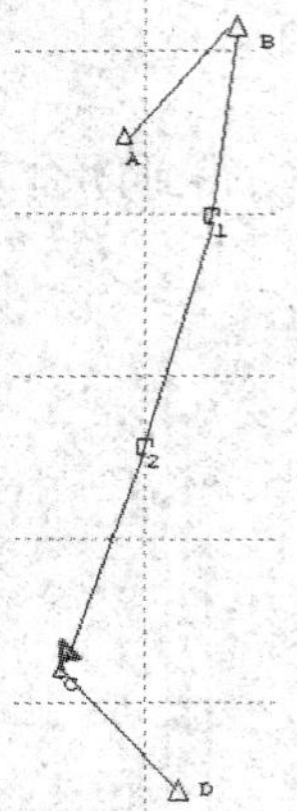

图 3-91　附合导线网图

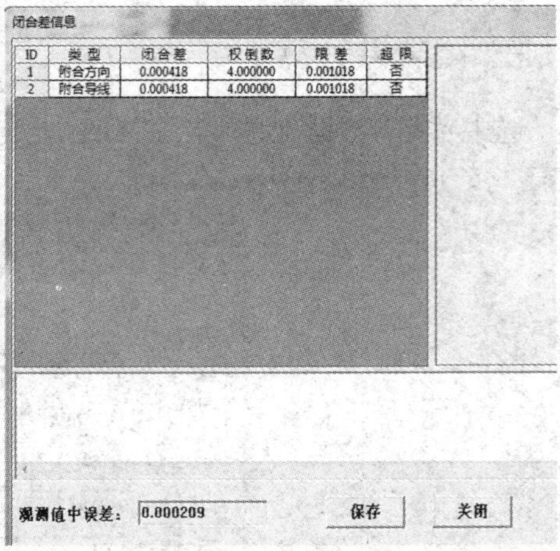

ID	类型	闭合差	权倒数	限差	超限
1	附合方向	0.000418	4.000000	0.001018	否
2	附合导线	0.000418	4.000000	0.001018	否

图 3-92　闭合差信息

四、平差

单击"数据处理"下拉菜单中的"平差"即可得到待定点的平差值,如图 3-93 所示。

ID	点名	平面	X	Y	高程	H
1	A	1	4877429.033	433859.119	0	0.000
2	B	1	4878161.261	434540.179	0	0.000
3	C	1	4874209.904	433492.535	0	0.000
4	D	1	4873480.466	434176.582	0	0.000
5	1	0	4876987.170	434409.427	0	0.000
6	2	0	4875573.395	434004.693	0	0.000

图 3-93　待定点平差值

五、查看

查看各种精度结果,还可以查看表示待定点精度的误差椭圆,以及表示点与点间相对精度的相对误差椭圆,分别如图 3-94 ~ 图 3-98 所示。

在实际工作中经常会遇到无定向导线,下面举一个无定向导线的例子。

如图 3-99 所示导线网,先验测角中误差为 2.5″,共测有 9 个方向值;6 个边长观测值,先验测边中误差为 5 mm + 5 × $10^{-6}S$。观测值见表 3-7。请对此网进行平差。

========= 网平差后精度如下 =========
单位权中误差 = 0.000160
测距固定误差(米)：0.008888, 0.017775
测距比例误差(米)：8.887545, 8.887545
方向中误差(d.mmss)：0.000160, 0.000320
平面网中最弱点为2，点位中误差 = 0.019412
平面网中最弱相邻点为C-2，相对点位中误差 = 0.019412
最大边长比例误差边为B-1，比例误差 = 1 / 72036

图 3-94　基本精度表

序号	点名	长轴	短轴	长轴方位	点位中误差
1	1	0.0164	0.0075	9.051	0.0181
2	2	0.0175	0.0085	17.573	0.0194

图 3-95　点位精度表

序号	点名	点名	MT	MD	D/MD	T-方位	D-距离
1	B	1	0.007579	0.016399	72036.231	186.2116	1181.349
2	C	2	0.008488	0.017458	83430.844	20.3514	1456.507
3	1	2	0.007078	0.017510	83983.363	195.5831	1470.568

图 3-96　点间精度表

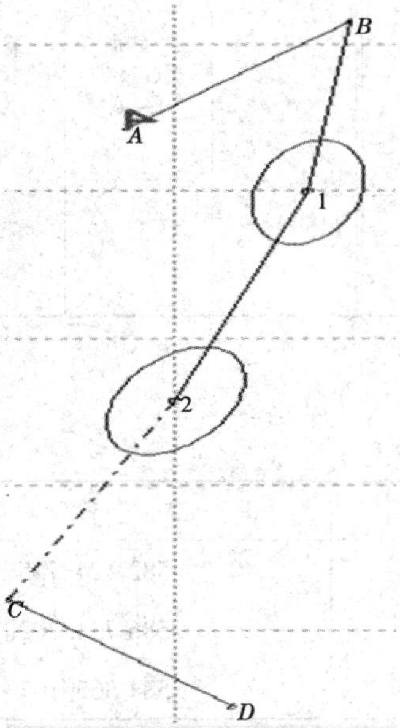

图 3-97　点位误差椭圆

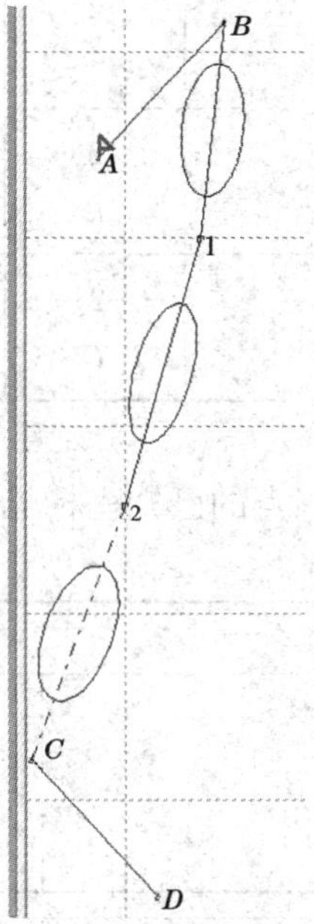

图 3-98　点间误差椭圆

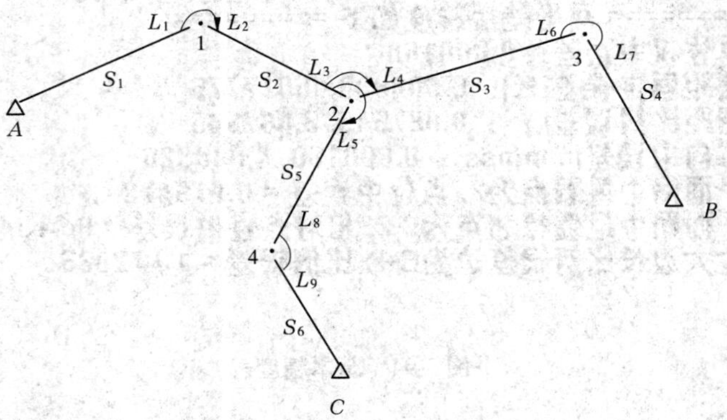

图 3-99　无定向导线

表 3-7　方向和边长观测值

编号	测站	照准点	方向观测值 (°　′　″)	编号	边名	边长观测值 (m)
L_1	1	*A*	0　00　00.0	S_1	A—1	1 390.691
L_2		2	232　50　01.4	S_2	1—2	1 257.086
L_3	2	1	0　00　00.0	S_3	2—3	1 635.781
L_4		3	135　17　53.5	S_4	3—B	1 378.431
L_5		4	269　16　16.9	S_5	2—4	1 239.814
L_6	3	2	0　00　00.0	S_6	4—C	949.928
L_7		*B*	256　23　26.6			
L_8	4	2	0　00　00.0			
L_9		*C*	121　12　40.3			

A、*B*、*C* 三点的已知坐标见表 3-8。

表 3-8　已知坐标

点名	*x*	*y*
A	3 703 042.901	582 124.745
B	3 702 174.471	586 734.702
C	3 701 055.001	584 365.107

由于导线是无定向导线，在平差前，我们先要假定一个边的方向，才能进行平差。具体过程如下：

(1)假定 *A*—1 边的方位角 $\alpha'_{A1}=0°00'00.0''$，由 *A* 点开始向 *B* 点推算坐标，推算得 *B* 点的假定坐标为

$$x'_B = 3\ 706\ 943.943$$

$$y'_B = 584\ 730.021$$

(2)由假定坐标 x'_B、y'_B 算得

$$\alpha'_{AB} = \arctan\frac{y'_B - y_A}{x'_B - x_A} = 33°44'11.85''$$

由已知坐标算得

$$\alpha_{AB} = \arctan\frac{y_B - y_A}{x_B - x_A} = 100°40'06.35''$$

(3)算得 A—1 的方位角

$$\alpha_{A1} = \alpha_{AB} - \alpha'_{AB} = 66°55'54.5''$$

下面利用清华山维平差软件平差此无定向导线网。

单击软件显示图 3-100。

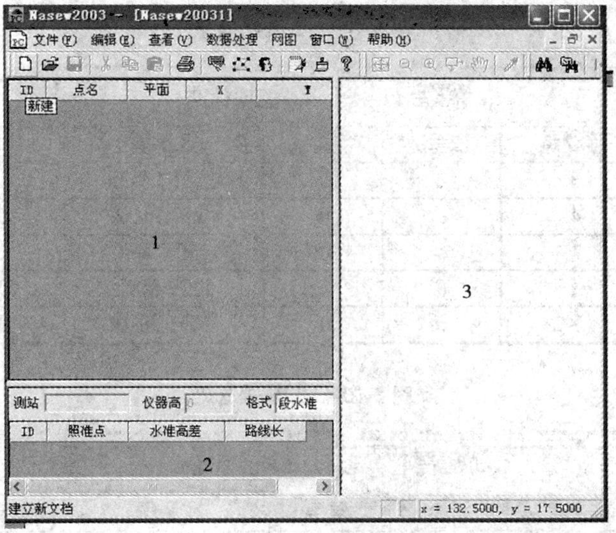

图 3-100　界面图

(1)在图 3-100 的 1 区域右键，选择增加控制点，依次输入已知信息，如图 3-101 所示。

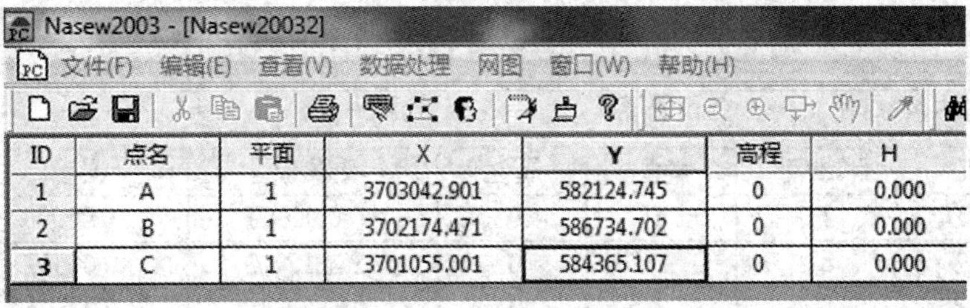

ID	点名	平面	X	Y	高程	H
1	A	1	3703042.901	582124.745	0	0.000
2	B	1	3702174.471	586734.702	0	0.000
3	C	1	3701055.001	584365.107	0	0.000

图 3-101　已知点信息

(2)在 2 区依次输入每站的观测信息，如图 3-102 ~ 图 3-106 所示。

(3)平差计算。

测站 a　仪器高 0　格式 标准

ID	照准点	类型	属性	观测值	误差
1	1	a	2	66.55545	-0.00000

图 3-102　*a* 测站信息

测站 1　仪器高 0　格式 标准

ID	照准点	类型	属性	观测值	误差
2	2	c	0	232.50014	-0.00000
3	2	d	0	1257.08600	0.00000
4	a	d	0	1390.69100	0.00000
5	a	c	0	-0.00000	-0.00000

图 3-103　1 测站信息

测站 2　仪器高 0　格式 标准

ID	照准点	类型	属性	观测值	误差
2	3	c	0	135.17535	-0.00000
4	4	c	0	269.16169	0.00007
1	1	c	0	-0.00000	0.00024
5	4	d	0	1239.81400	0.00592
3	3	d	0	1635.78100	0.00492

图 3-104　2 测站信息

测站 3　仪器高 0　格式 标准

ID	照准点	类型	属性	观测值	误差
1	2	c	0	-0.00000	-0.00000
2	b	c	0	256.23266	-0.00013
3	b	d	0	1378.43100	-0.00095

图 3-105　3 测站信息

测站 4　仪器高 0　格式 标准

ID	照准点	类型	属性	观测值	误差
1	2	c	0	-0.00000	-0.00000
2	c	c	0	121.12403	0.00007
3	c	d	0	949.92800	0.00508

图 3-106　4 测站信息

单击 数据处理 中的“计算方案”显示图 3-107 所示的界面。

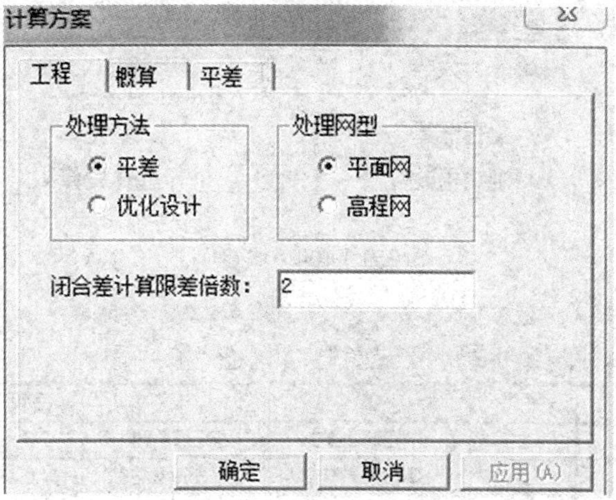

图 3-107　**计算方案**

在“处理方法”中选“平差”;在“处理网型”处,选“平面网”;“闭合差计算限差”处填入 2(极限误差),单击“平差”,显示图 3-108 所示的界面。

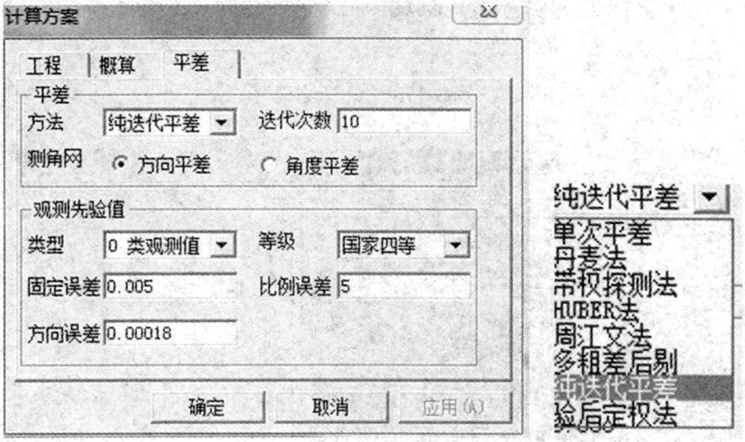

图 3-108　**计算方案**

在平差方法的选择中可以在以下方法中选择合适的,一般选“纯迭代平差”, 纯迭次数随精度要求而定。“固定误差”“比例误差”“方向误差”处,根据所用的仪器和所测网的精度来定。本例先验测边中误差为:5 mm + $5 \times 10^{-6} S$,先验测角中误差为 2.5″,所以在“固定误差”处填入 0.005 m,在“比例误差”处填入比例误差系数 5,在“方向误差”处要填入 1.8″($2.5 \div \sqrt{2}$)。完成后,单击“确定”。

(4)概算。在界面图 3-109 中选“整体概算”,显示概算结果(见图 3-110)。

(5)闭合差计算。单击“数据处理”中的“闭合差计算”,显示图 3-111 所示的界面。

若闭合差不超限,就可以平差了。

(6)平差。单击“数据处理”中的“平差”即完成,查看平差结果如图 3-112 所示。

(7)观测值成果输出,如图 3-113 所示。

在“文件”中选“输出成果”,再选“控制点成果”,显示如图 3-114 所示。

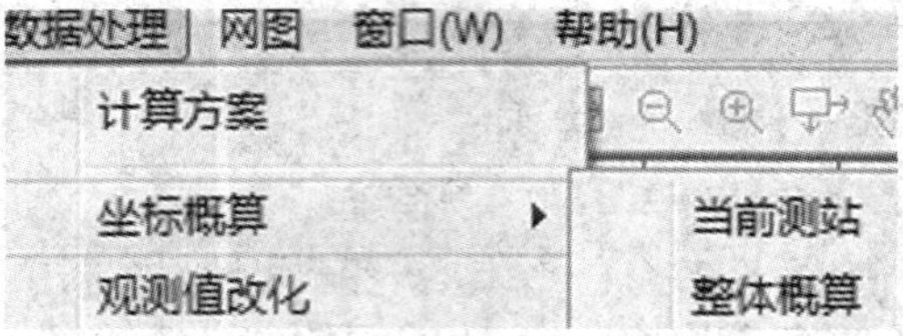

图 3-109　概算

ID	点名	平面	X	Y	高程	H
1	a	1	3703042.901	582124.745	0	0.000
2	1	0	3703587.811	583404.235	0	0.000
3	2	0	3702963.728	584495.467	0	0.000
4	3	0	3703385.342	586075.980	0	0.000
5	b	1	3702174.471	586734.702	0	0.000
6	4	0	3701879.749	583893.695	0	0.000
7	c	1	3701055.001	584365.107	0	0.000

图 3-110　概算结果

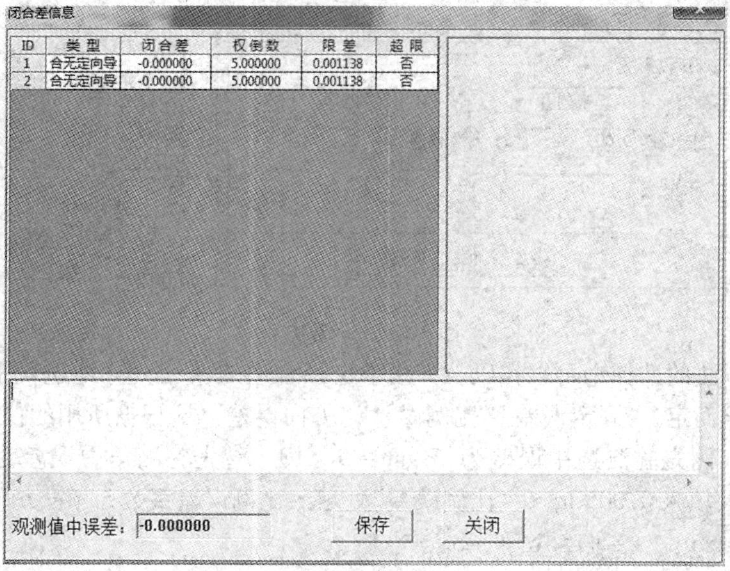

ID	类型	闭合差	权倒数	限差	超限
1	合无定向导	-0.000000	5.000000	0.001138	否
2	合无定向导	-0.000000	5.000000	0.001138	否

图 3-111　闭合差计算

在图 3-113 中选“观测值成果”，再选“方向观测成果表”，显示见图 3-115，选“距离观测成果表”显示见图 3-116。

(8)精度。在图 3-113 中选“基本精度”，显示见图 3-117；选“精度成果”中的“平面点位误差表”，显示见图 3-118；选“精度成果”中的“平面点间误差表”，显示见图 3-119。

ID	点名	平面	X	Y	高程	H
1	a	1	3703042.901	582124.745	0	0.000
2	1	0	3703587.792	583404.245	0	0.000
3	2	0	3702963.702	584495.478	0	0.000
4	3	0	3703385.327	586075.993	0	0.000
5	b	1	3702174.471	586734.702	0	0.000
6	4	0	3701879.716	583893.707	0	0.000
7	c	1	3701055.001	584365.107	0	0.000

图 3-112　平差结果

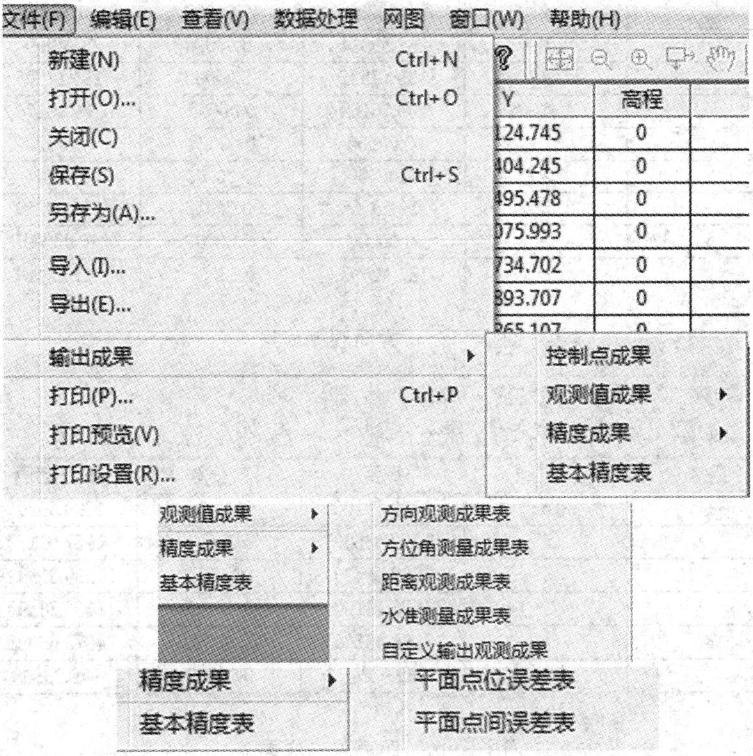

图 3-113　输出成果

以 2 号点为例：点位中误差 $m_{P_2}=\pm1.49$ cm；

误差椭圆长半轴　$E=1.12$ cm；

误差椭圆短半轴　$F=0.98$ cm。

误差椭圆长半轴方向 $\varphi_E=43°21.1'$。

(9)误差椭圆。单击菜单(见图 3-120)“网图”中的“网图配置”，打开“图形配置”对话框，选中“误差椭圆”，如图 3-121 所示。

在图 3-121 中选“点位”将显示图 3-122 所示的界面，选“点间”将显示图 3-123 所示

文件(F)　编辑(E)　查看(V)　帮助(H)

序号	点名	等级	标石	X	Y	H	备注
1	a			3703042.9010	582124.7450	0.000	
2	1			3703587.7925	583404.2450	0.000	
3	2			3702963.7017	584495.4783	0.000	
4	3			3703385.3270	586075.9933	0.000	
5	b			3702174.4710	586734.7020	0.000	
6	4			3701879.7161	583893.7071	0.000	
7	c			3701055.0010	584365.1070	0.000	

图 3-114　控制点成果

文件(F)　编辑(E)　查看(V)　帮助(H)

测站	照准点	方向值	改正数	改正后值
1	a	-0.00000	-0.00000	-0.00000
	2	232.50014	-0.00020	232.49594
2	3	135.17535	-0.00000	135.17535
	4	269.16169	0.00007	269.16176
	1	-0.00000	0.00024	0.00024
3	2	-0.00000	-0.00000	-0.00000
	b	256.23266	-0.00013	256.23253
4	2	-0.00000	-0.00000	-0.00000
	c	121.12403	0.00007	121.12410

图 3-115　方向观测成果

文件(F)　编辑(E)　查看(V)　帮助(H)

测站	照准点	平距	改正数	改正后值
1	a	1390.69100	0.00195	1390.69295
	2	1257.08600	0.00573	1257.09173
2	4	1239.81400	0.00592	1239.81992
	3	1635.78100	0.00492	1635.78592
3	b	1378.43100	-0.00095	1378.43005
4	c	949.92800	0.00508	949.93308

图 3-116　距离观测成果

```
========= 网平差后精度如下 =========
单位权中误差 = 0.000176
测距固定误差(米)：0.004883, 0.019533
测距比例误差(米)：4.883317, 9.766633
方向中误差(d.mmss)：0.000176, 0.000352
平面网中最弱点为3, 点位中误差 = 0.016157
平面网中最弱相邻点为3-b, 相对点位中误差 = 0.016157
最大边长比例误差边为4-c, 比例误差 = 1 / 110468
```

图 3-117　基本精度

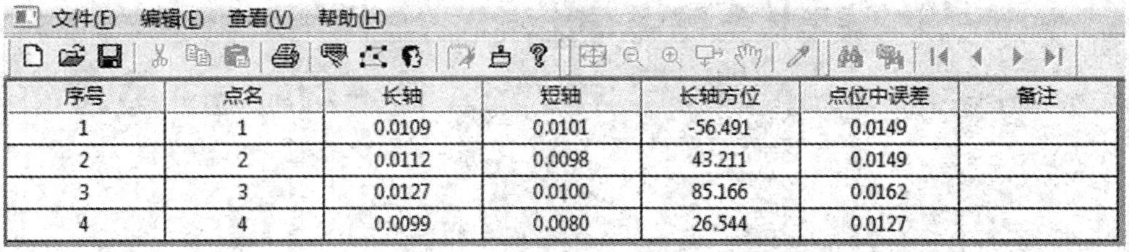

序号	点名	长轴	短轴	长轴方位	点位中误差	备注
1	1	0.0109	0.0101	-56.491	0.0149	
2	2	0.0112	0.0098	43.211	0.0149	
3	3	0.0127	0.0100	85.166	0.0162	
4	4	0.0099	0.0080	26.544	0.0127	

图 3-118　平面点位中误差

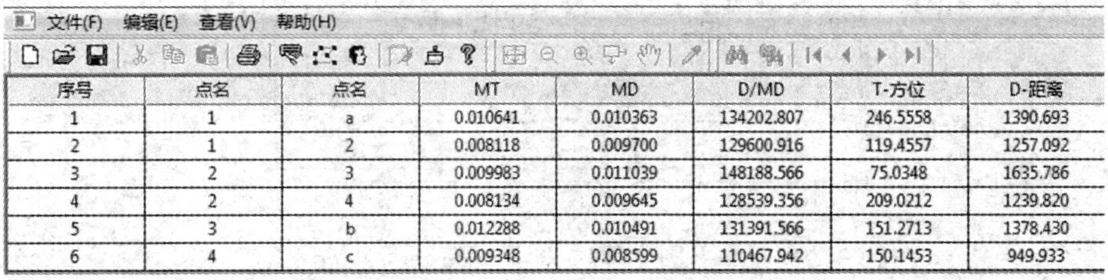

序号	点名	点名	MT	MD	D/MD	T-方位	D-距离
1	1	a	0.010641	0.010363	134202.807	246.5558	1390.693
2	1	2	0.008118	0.009700	129600.916	119.4557	1257.092
3	2	3	0.009983	0.011039	148188.566	75.0348	1635.786
4	2	4	0.008134	0.009645	128539.356	209.0212	1239.820
5	3	b	0.012288	0.010491	131391.566	151.2713	1378.430
6	4	c	0.009348	0.008599	110467.942	150.1453	949.933

图 3-119　点间精度

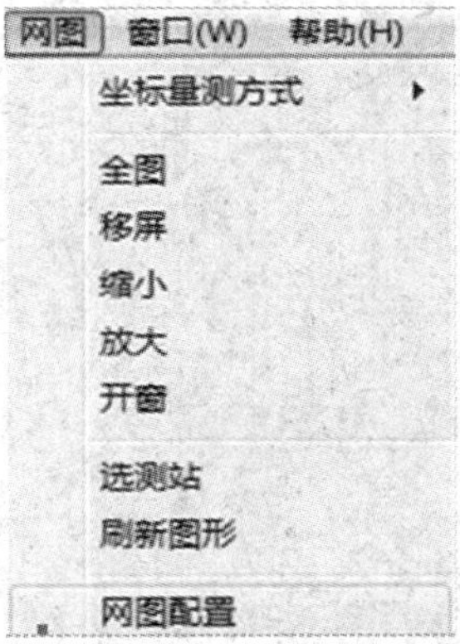

图 3-120　主菜单

的界面。

(10)图形输出。单击图 3-120 中的网图配置,出现图 3-124 所示对话框,单击“打印”点确定,图形即可打印。

习　题

1. 什么是参数平差？试述参数平差的原理。

2. 参数平差的计算步骤有哪些？

3. 在参数平差中,计算 $V^{\mathrm{T}}PV$ 的方法有几种？简述其推导过程。

4. 如何确定未知参数的中误差？未知参数的精度决定于哪些因素？

5. 对控制网进行参数平差,可否在观测前根据布设的网形和拟定的观测方案来估算网中待定点的精度,为什么？

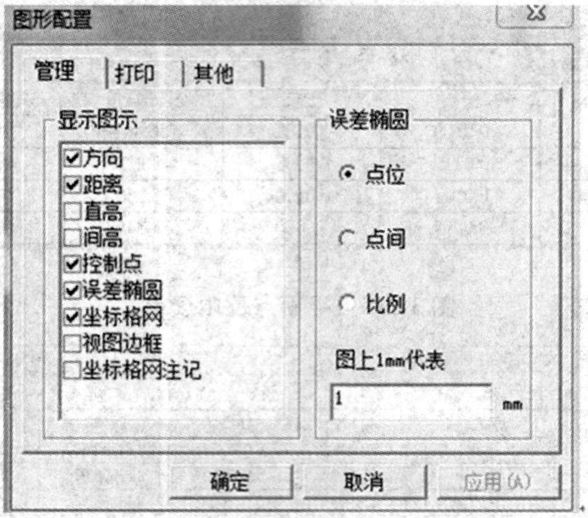

图 3-121　图形配置

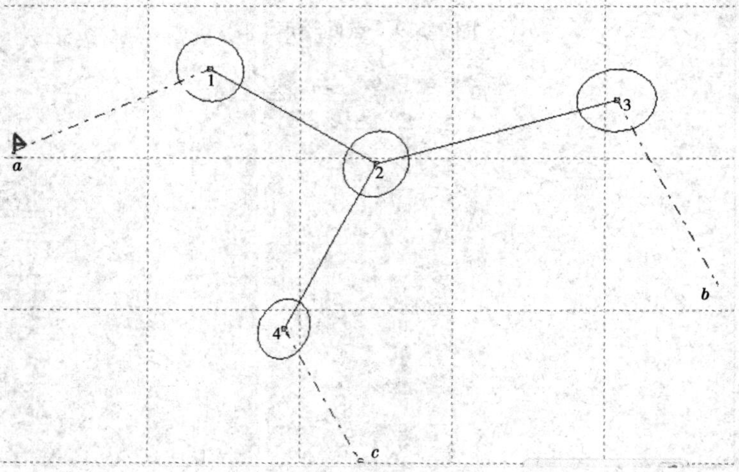

图 3-122　点位误差椭圆

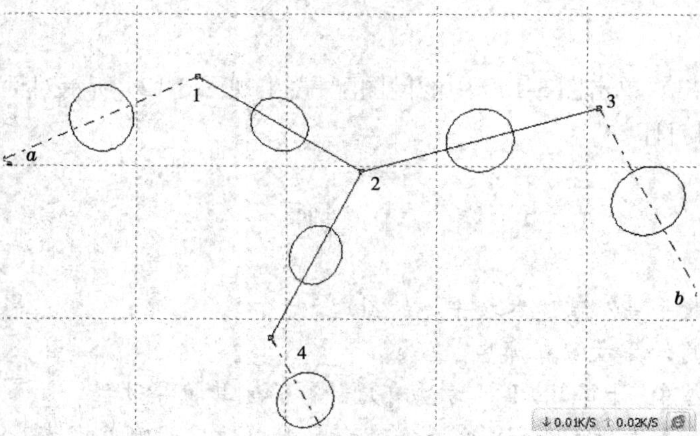

图 3-123　相对误差椭圆

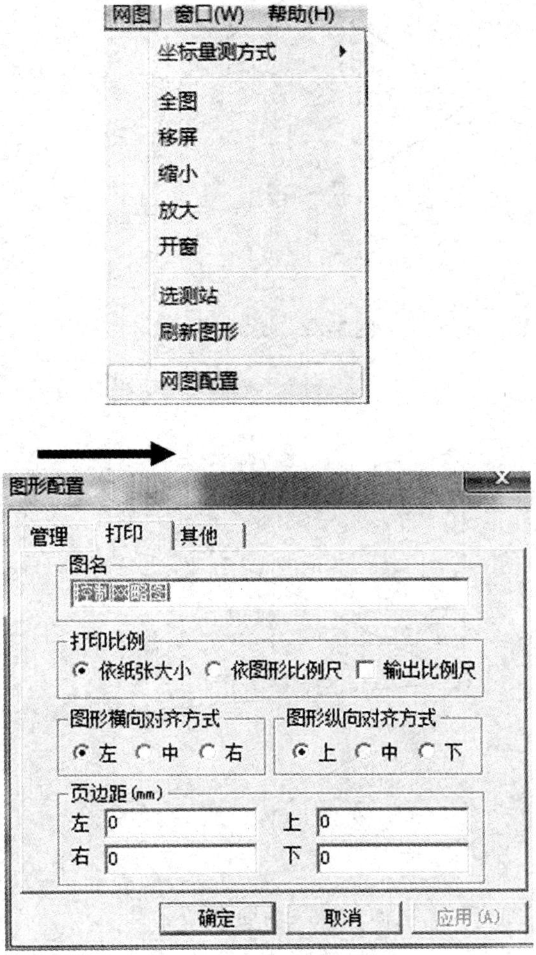

图 3-124　图形输出

6. 在图 3-125 所示的闭合水准网中，A 为已知点，$H_A=20.000$ m，P_1、P_2 为高程未知点，测得高差及水准路线长度为：$h_1=1.353$ m，$S_1=2$ km，$h_2=-0.531$ m，$S_2=2$ km，$h_3=-0.825$ m，$S_3=$ km。

试用参数平差法求各高差的平差值。

7. 在待定点 P 上，向已知点 A,B,C 进行方向观测。如图 3-126 所示，设 $\hat{Z}_P$ 为零方向定向角平差值，$L_i(i=1,2,3)$ 为方向观测值，A,B,C 三点的坐标及 P 点的近似坐标均列于表 3-9 中，试列出全部观测值的误差方程。

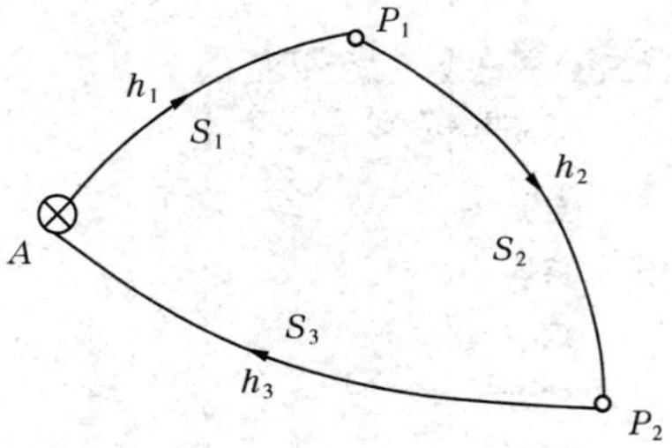

图 3-125　水准网

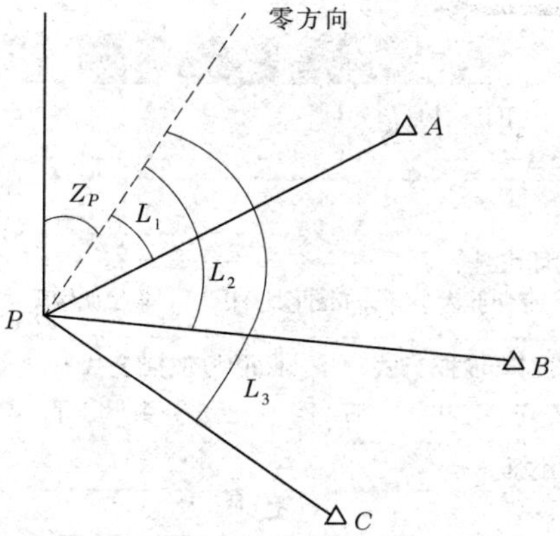

图 3-126　方向观测

表 3-9　已知点坐标与 P 点近似坐标

点号	X(m)	Y(m)	方位	观测值(°　′　″)
A	826.823	393.245	Z_P	21 03 42
B	695.741	445.678	L_1	25 18 38
C	633.226	371.062	L_2	71 28 54
P	703.800	264.180	L_3	102 22 36

8. 在图 3-127 中，A，B，C 为已知点，在其间加测一点 P，其近似坐标为：$X_P^0=771.365$ m，$Y_P^0=465.844$ m。已知起算数据和观测值分别列于表 3-10、表 3-11 中，试列出全部观测值的误差方程。

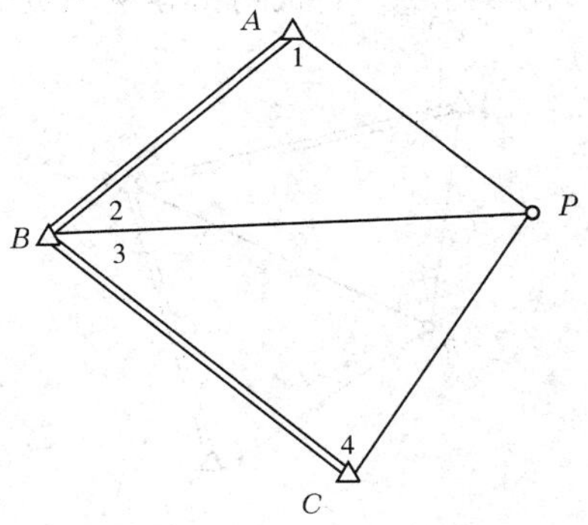

图 3-127　测角网

表 3-10　已知点起算数据

点号	坐标	
	X(m)	Y(m)
A	861.106	338.796
B	734.058	279.305
C	598.943	372.070

表 3-11　观测值

角号	1	2	3	4
观测值	79°51′20″	53°35′50″	66°50′10″	63°00′43″

9. 有水准网如图 3-128 所示，A，B 为已知点，$H_A=21.400$ m，$H_B=23.810$ m，各路线观测高差为：$h_1=1.058$ m，$h_2=0.912$ m，$h_3=0.446$ m，$h_4=-3.668$ m，$h_5=1.250$ m，$h_6=2.310$ m，$h_7=-3.225$ m。设观测高差为等权独立观测值，试按参数平差法求 P_1，P_2，P_3 等待定点平差后的高程及中误差。

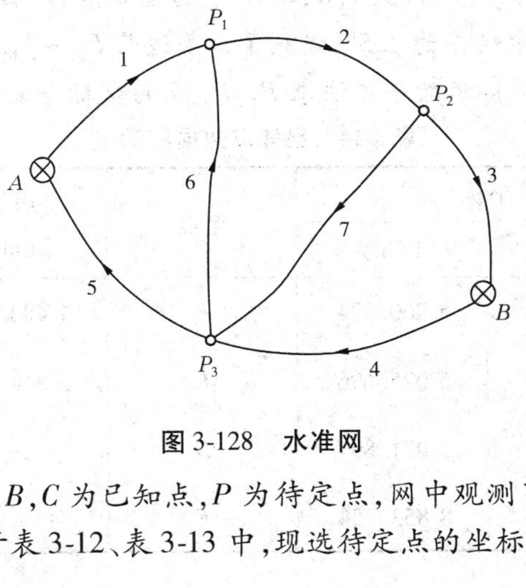

图 3-128　水准网

10. 在图 3-129 中，A，B，C 为已知点，P 为待定点，网中观测了 3 条边长 $L_1 \sim L_3$，起算数据及观测数据分别列于表 3-12、表 3-13 中，现选待定点的坐标平差值为参数，其近似坐

标值为 $X_P^0=57\ 578.93$ m，$Y_P^0=70\ 998.26$ m，试列出各观测边长的误差方程式。

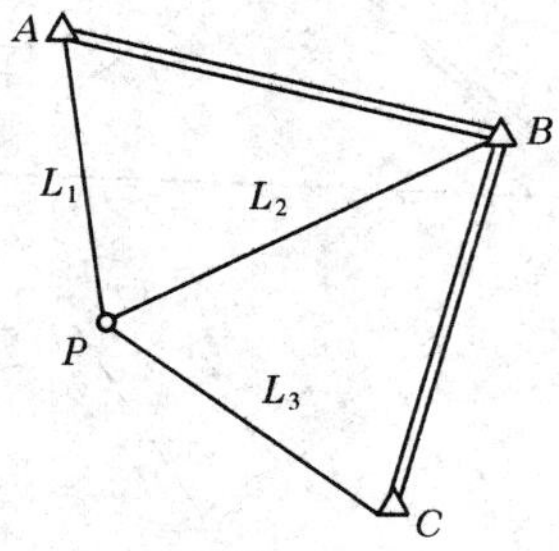

图 3-129　测边网

表 3-12　已知点数据(一)

点号	坐标	
	X(m)	Y(m)
A	60 509.596	69 902.525
B	58 238.935	74 300.086
C	51 946.286	73 416.515

表 3-13　观测值

边号	L_1	L_2	L_3
观测值(m)	3 128.86	3 367.20	6 129.88

11. 如图 3-130 所示为一边角网，A,B,C,D,E 为已知点，P_1,P_2 为待定点，同精度观测了 9 个角度 $L_1\sim L_9$，测角中误差为 2.5″；观测了 5 条边长 $L_{10}\sim L_{14}$，观测结果及中误差分别列于表 3-14、表 3-15 中，试按参数平差法求 P_1,P_2 点的坐标平差值及其点位中误差。

表 3-14　已知点数据(二)

点号	坐标		至点	边长	坐标方位角
	X(m)	Y(m)		(m)	(°　′　″)
A	3 143.237	5 260.334	B	1 484.781	350　54　27.0
B	4 609.361	5 025.696	C	3 048.650	0　52　06.0
C	7 657.661	5 071.897	D		
D	4 157.197	8 853.254	E		109　31　44.9

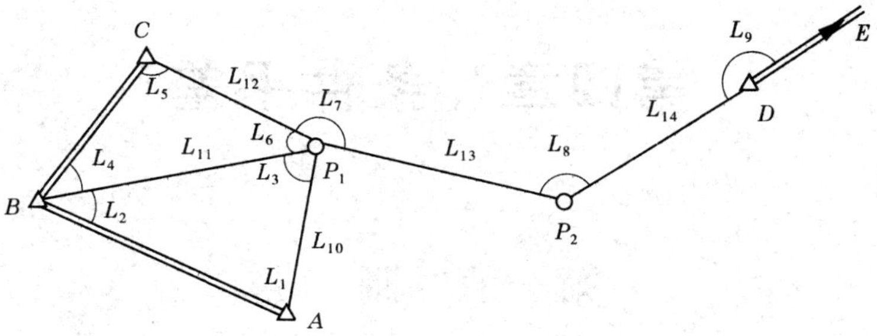

图 3-130 边角同测网

表 3-15 观测值

角度				边长		
编号	观测值 (° ′ ″)	编号	观测值 (° ′ ″)	编号	观测值 (m)	中误差 (cm)
1	44 05 44.8	6	74 22 55.1	10	2 185.070	3.3
2	93 10 43.1	7	127 25 56.1	11	1 522.853	2.3
3	42 43 27.2	8	201 57 34.0	12	3 082.621	4.6
4	76 51 40.7	9	168 01 45.2	13	1 500.017	2.2
5	28 45 20.9			14	1 009.021	1.5

第四章　条件平差

第一节　概　述

一、条件平差的概念

当取全部观测量的最或然值作为平差中的未知数时，由于有多余观测，这些未知数间必然构成一定的数学关系式——条件方程。按最小二乘原理求条件方程的最或然值，并进行相应的精度评定，这就是条件平差。

为了便于理解条件平差的概念，现举两个简单的例子。

【例 4-1】　如一平面三角形内角观测值为 L_1, L_2, L_3，取相应的最或然值 $\hat{L}_1, \hat{L}_2, \hat{L}_3$ 为未知数，则应有关系式

$$\hat{L}_1 + \hat{L}_2 + \hat{L}_3 = 180° \tag{4-1}$$

以 $\hat{L}_i = L_i + v_i (i = 1,2,3)$ 代入式(4-1)则可写成

$$\begin{aligned} v_1 + v_2 + v_3 + \omega &= 0 \\ \omega &= L_1 + L_2 + L_3 - 180° \end{aligned} \tag{4-2}$$

【例 4-2】　在图 4-1 所示的水准网中（箭头指向水准高差方向），设观测高差 h_1, h_2, h_3, h_4, h_5 的最或然值 $\hat{h}_1, \hat{h}_2, \hat{h}_3, \hat{h}_4, \hat{h}_5$ 为未知数，则应有

$$\left.\begin{aligned} \hat{h}_1 + \hat{h}_2 - \hat{h}_4 &= 0 \\ -\hat{h}_2 + \hat{h}_3 - \hat{h}_5 &= 0 \end{aligned}\right\} \tag{4-3}$$

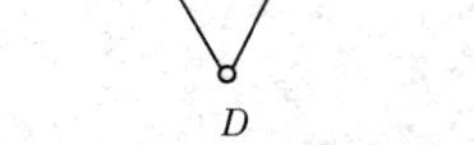

图 4-1　水准网

代入 $\hat{h}_i = h_i + v_i (i = 1,2,\cdots,5)$

$$\left.\begin{aligned} v_1 + v_2 - v_4 + \omega_1 &= 0 \\ -v_2 + v_3 - v_5 + \omega_2 &= 0 \end{aligned}\right\} \tag{4-4}$$

$$\begin{aligned} \omega_1 &= h_1 + h_2 - h_4 \\ \omega_2 &= -h_2 + h_3 - h_5 \end{aligned}$$

上面两个问题中的方程式(4-1)和式(4-3)即为条件方程。式(4-2)和式(4-4)称为改正数条件方程，简称条件方程，自由项 ω 就是条件方程的闭合差。

在上面的两个问题中，能消除闭合差的改正数 $v_i (i = 1,2,3$ 和 $i = 1,2,\cdots,5)$ 有无穷多组，而我们只需要一组，为了解决这一矛盾，就要依据最小二乘原理，即依据式(4-2)和式(4-4)，按 $V^{T}PV = \min$，求出改正数及其平差值。

通过以上两个例子,请大家思考两个问题:

(1)为什么产生了平差问题(条件方程是如何出现的)?

(2)条件方程的个数与什么有关?

在进行条件平差时,列出的条件方程应相互独立,即其中一个条件方程不能由其余的条件方程表示,其个数等于多余观测量的个数。

一般情况下,设总观测数为 n,必要观测个数为 t,多余观测数为 r,则有

$$r = n - t$$

二、条件方程

一般情况下,设有 n 个观测值 $L_1, L_2, \cdots, L_n$,r 个多余观测,则条件方程可写成

$$\left.\begin{aligned} a_1\hat{L}_1 + a_2\hat{L}_2 + \cdots + a_n\hat{L}_n + a_0 &= 0 \\ b_1\hat{L}_1 + b_2\hat{L}_2 + \cdots + b_n\hat{L}_n + b_0 &= 0 \\ &\vdots \\ r_1\hat{L}_1 + r_2\hat{L}_2 + \cdots + r_n\hat{L}_n + r_0 &= 0 \end{aligned}\right\} \tag{4-5}$$

若设

$$B = \begin{pmatrix} a_1 & a_2 & \cdots & a_n \\ b_1 & b_2 & \cdots & b_n \\ \vdots & \vdots & & \vdots \\ r_1 & r_2 & \cdots & r_n \end{pmatrix}, \hat{L} = \begin{pmatrix} \hat{L}_1 \\ \hat{L}_2 \\ \vdots \\ \hat{L}_n \end{pmatrix}, B_0 = \begin{pmatrix} a_0 \\ b_0 \\ \vdots \\ r_0 \end{pmatrix}, L = \begin{pmatrix} L_1 \\ L_2 \\ \vdots \\ L_n \end{pmatrix}, V = \begin{pmatrix} v_1 \\ v_2 \\ \vdots \\ v_n \end{pmatrix} \tag{4-6}$$

且

$$\hat{L} = L + V \tag{4-7}$$

则式(4-5)可表示成矩阵形式为

$$B\hat{L} + B_0 = 0$$

或

$$BV + W = 0 \tag{4-8}$$

其中

$$W = BL + B_0 \tag{4-9}$$

为条件方程的自由项。式(4-8)就是一般形式的改正数条件方程,即条件方程的基本数学模型,它的纯量形式为

$$\left.\begin{aligned} a_1v_1 + a_2v_2 + \cdots + a_nv_n + \omega_1 &= 0 \\ b_1v_1 + b_2v_2 + \cdots + b_nv_n + \omega_2 &= 0 \\ &\vdots \\ r_1v_1 + r_2v_2 + \cdots + r_nv_n + \omega_r &= 0 \end{aligned}\right\} \tag{4-10}$$

式中

$$\left.\begin{aligned}\omega_1 &= [aL] + a_0 \\ \omega_2 &= [bL] + b_0 \\ &\vdots \\ \omega_r &= [rL] + r_0\end{aligned}\right\} \tag{4-11}$$

请大家思考两个问题：

(1)对照式(4-6)你能写出式(4-4)中的 B、B_0、V、L、W 吗？

(2)对照式(4-10)你能写出式(4-4)中的 $a_1, a_2, \cdots, b_1, b_2, \cdots, r_1, r_2, \cdots$ 吗？

前面举的是两个线性条件方程,若条件方程是非线性的,应将其线性化。设非线性形式的条件方程为

$$f(\hat{L}_1, \hat{L}_2, \cdots, \hat{L}_n) = 0 \tag{4-12}$$

以 $\hat{L} = L_i + v_i$ 代入得

$$f(L_1 + v_1, L_2 + v_2, \cdots, L_n + v_n) = 0$$

按泰勒级数展开,取至一次项,则为

$$f(L_1, L_2, \cdots, L_n) + \left(\frac{\partial f}{\partial \hat{L}_1}\right)_{\hat{L}=L} v_1 + \left(\frac{\partial f}{\partial \hat{L}_2}\right)_{\hat{L}=L} v_2 + \cdots + \left(\frac{\partial f}{\partial \hat{L}_n}\right)_{\hat{L}=L} v_n = 0$$

$$取\left(\frac{\partial f}{\partial \hat{L}_1}\right)_{\hat{L}=L} = a_1, \left(\frac{\partial f}{\partial \hat{L}}\right)_{\hat{L}=L} = a_2, \cdots, \left(\frac{\partial f}{\partial \hat{L}_n}\right)_{\hat{L}=L} = a_n$$

$$\omega_a = f(L_1, L_2, \cdots, L_n)$$

于是,式(4-12)可写成

$$a_1 v_1 + a_2 v_2 + \cdots + a_n v_n + \omega_a = 0 \tag{4-13}$$

式(4-13)即为线性化后的线性条件方程。

三、条件平差的估值公式——改正数方程和联系数法方程

从数学意义来说,条件平差就是按求条件极值的方法,在满足 $BV + W = 0$ 的条件下,求出使函数 $V^{\mathrm{T}}PV = \min$ 的改正数 V。

下面推导求 V 的有关公式。按拉格朗日乘数法组成新函数

$$\Phi = V^{\mathrm{T}}PV - 2K^{\mathrm{T}}(BV + W) \tag{4-14}$$

式中,$K^{\mathrm{T}} = (k_1, k_2, \cdots, k_r)$ 为联系数向量,将此式对 V 求导,并令其为零,则有

$$\frac{\mathrm{d}\Phi}{\mathrm{d}V} = 2V^{\mathrm{T}}P - 2K^{\mathrm{T}}B = 0$$

即 $$V^{\mathrm{T}}P = K^{\mathrm{T}}B$$

由此得 $$V = P^{-1}B^{\mathrm{T}}K \tag{4-15}$$

式(4-15)称为改正数方程。将这一方程代入条件方程式(4-8),则得

$$BP^{-1}B^{\mathrm{T}}K + W = 0 \tag{4-16}$$

设 $$N = BP^{-1}B^{\mathrm{T}} \tag{4-17}$$

又得 $$NK + W = 0 \tag{4-18}$$

式(4-16)及式(4-18)称为联系数法方程。不难看出,系数阵 N 为对称阵。这里应注

意与参数平差的区别，参数平差 $N=A^{T}PA$；条件平差 $N=BP^{-1}B^{T}$。

当联系数法方程系数阵 N 满秩时，即可由式(4-18)解出联系数向量 K

$$K=-N^{-1}W \tag{4-19}$$

再由式(4-15)，即可解出改正数向量 V，最后按式(4-7)解出观测量的最或然值向量 $\hat{L}$。

若观测值相互独立，则权逆阵为

$$P^{-1}=\begin{pmatrix} \frac{1}{p_1} & & & \\ & \frac{1}{p_2} & & \\ & & \ddots & \\ & & & \frac{1}{p_n} \end{pmatrix}$$

由式(4-15)及式(4-16)可得纯量形式的改正数方程和联系数法方程

$$v_i=\frac{1}{p_i}(a_ik_1+b_ik_2+\cdots+r_ik_r)\quad(i=1,2,\cdots,n) \tag{4-20}$$

及

$$\left.\begin{aligned} \left[\frac{aa}{p}\right]k_1+\left[\frac{ab}{p}\right]k_2+\cdots+\left[\frac{ar}{p}\right]k_r+\omega_1&=0\\ \left[\frac{ba}{p}\right]k_1+\left[\frac{bb}{p}\right]k_2+\cdots+\left[\frac{br}{p}\right]k_r+\omega_2&=0\\ &\vdots\\ \left[\frac{ra}{p}\right]k_1+\left[\frac{rb}{p}\right]k_2+\cdots+\left[\frac{rr}{p}\right]k_r+\omega_r&=0 \end{aligned}\right\} \tag{4-21}$$

若各独立观测值精度相同，则式(4-15)及式(4-16)的 P 等于单位阵 I，式(4-20)及式(4-21)中的 $p_i(i=1,2,\cdots,n)$ 均为1。

为区别平差时观测值独立与否的不同情况，对观测值相关时的条件平差，特称为相关条件平差。

四、条件平差计算步骤

归纳上述内容，可得条件平差的实际计算步骤如下：

(1)根据实际问题的性质及观测量的情况，列出条件方程式。条件方程式的个数等于多余观测数 r。

(2)由条件方程式组成联系数法方程，法方程的个数等于多余观测数 r。

(3)解算法方程，求出联系数 K。

(4)将 K 代入改正数方程式，求出 V 值，并求观测值的最或然值 $\hat{L}=L+V$。

(5)为了检验平差计算的正确性，常常要将各最或然值 $\hat{L}_i$ 代入原条件方程式，看其是否闭合。

(6)精度估计(将在本章第二节中介绍)。

【例4-3】　以单三角形为例(见图4-2)，设三内角观测值为

$$L = \begin{pmatrix} 62°17'52'' \\ 33°52'19'' \\ 83°49'43'' \end{pmatrix}$$

试按条件平差法求各观测角的最或然值。

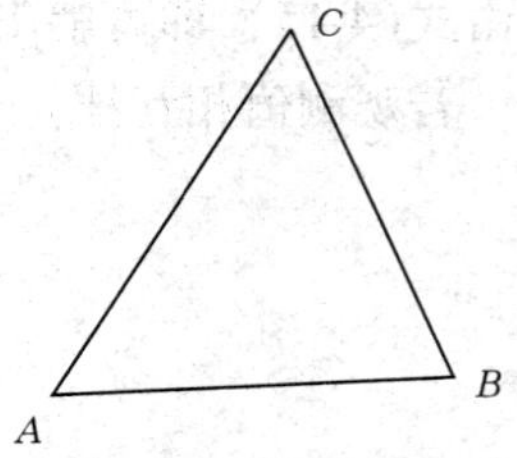

图 4-2　单三角形

解:由于只有一个多余观测,$r = n - t = 1$,故只有一个条件方程式

$$\hat{L}_1 + \hat{L}_2 + \hat{L}_3 - 180° = 0$$

相应的改正数条件方程式为

$$v_1 + v_2 + v_3 + \omega = 0$$

$$\omega = L_1 + L_2 + L_3 - 180°$$

而　$$\omega = L_1 + L_2 + L_3 - 180° = -6.0''$$

所以　$$v_1 + v_2 + v_3 - 6.0 = 0$$

用矩阵表示为

$$(1 \quad 1 \quad 1)\begin{pmatrix} v_1 \\ v_2 \\ v_3 \end{pmatrix} - 6 = 0$$

因观测值等精度,故观测值的权阵 P 为单位阵 I,则有

$$N = BP^{-1}B^{\mathrm{T}} = 3$$

法方程为

$$3k_1 - 6.0 = 0$$

解得 $k_1 = 2$,代入改正数方程,得

$$V = P^{-1}B^{\mathrm{T}}K = \begin{pmatrix} 2'' \\ 2'' \\ 2'' \end{pmatrix}$$

由此得各角最或然值为

$$\begin{pmatrix} \hat{L}_1 \\ \hat{L}_2 \\ \hat{L}_3 \end{pmatrix} = \begin{pmatrix} L_1 \\ L_2 \\ L_3 \end{pmatrix} + \begin{pmatrix} v_1 \\ v_2 \\ v_3 \end{pmatrix} = \begin{pmatrix} 62°17'54'' \\ 33°52'21'' \\ 83°49'45'' \end{pmatrix}$$

检核,$\hat{L}_1 + \hat{L}_2 + \hat{L}_3 - 180° = 0$。计算正确。

【例 4-4】　在图 4-1 所示的水准网中(箭头指向水准高差方向),设各段高差的每千米高差中误差相同,各观测高差及线路长度见表 4-1,试用条件平差法求各高差的最或然值。

解:由前面的讨论知,此例有两个条件,即 $r = 2$,由于本例只有两个闭合环,所以列出如下两个平差值条件方程

$$\left.\begin{aligned} \hat{h}_1 + \hat{h}_2 - \hat{h}_4 &= 0 \\ -\hat{h}_2 + \hat{h}_3 - \hat{h}_5 &= 0 \end{aligned}\right\}$$

将 $\hat{L}_i = L_i + v_i$ 代入平差值方程可得改正数条件方程为将观测值代入可得条件方程为

$$\begin{pmatrix} 1 & 1 & 0 & -1 & 0 \\ 0 & -1 & 1 & 0 & -1 \end{pmatrix} \begin{pmatrix} v_1 \\ v_2 \\ v_3 \\ v_4 \\ v_5 \end{pmatrix} + \begin{pmatrix} -6 \\ 7 \end{pmatrix} = 0$$

表 4-1　观测高差及线路长

编号	路线长(km)	观测高差(m)
1	10	2. 42
2	5	16. 14
3	5	50. 56
4	5	18. 62
5	5	34. 35

取 5 km 高差的权为 1，即 $p_i = \dfrac{5}{S_i}$，则有

$$\frac{1}{p_1} = 2, \frac{1}{p_2} = 1, \frac{1}{p_3} = 1, \frac{1}{p_4} = 1, \frac{1}{p_5} = 1$$

法方程组成与解算

$$N = BP^{-1}B^{\mathrm{T}} = \begin{pmatrix} 1 & 1 & 0 & -1 & 0 \\ 0 & -1 & 1 & 0 & -1 \end{pmatrix} \begin{pmatrix} 2 & & & & \\ & 1 & & & \\ & & 1 & & \\ & & & 1 & \\ & & & & 1 \end{pmatrix} \begin{pmatrix} 1 & 0 \\ 1 & -1 \\ 0 & 1 \\ -1 & 0 \\ 0 & -1 \end{pmatrix} = \begin{pmatrix} 4 & -1 \\ -1 & 3 \end{pmatrix}$$

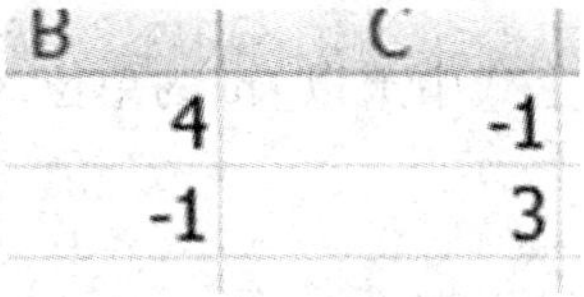

图 4-3　N 矩阵

下面利用前面讲的 Excel 表计算矩阵的逆。

在 Excel 中写入 N 的矩阵，如图 4-3 所示。

在另一区域选择与 N 同样的行与列，在该处点击插入函数，选 MINVERSE 显示见图 4-4。然后单击  选中 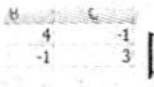 回车，结果见图 4-5，在此情况下同时按下 Shift + Ctrl + Enter后就得到了 N 的逆，如图 4-6 所示。

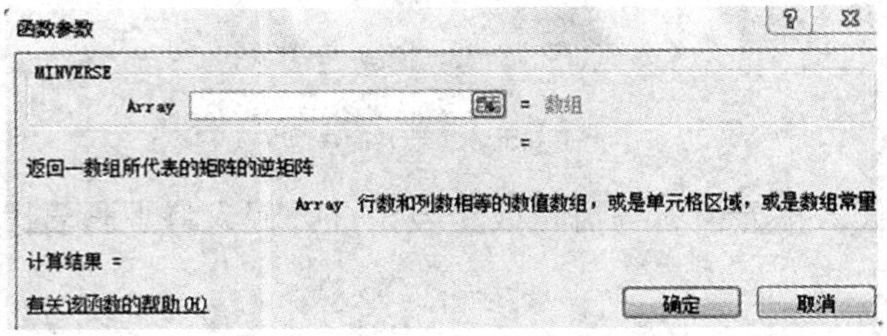

图 4-4　函数参数(一)

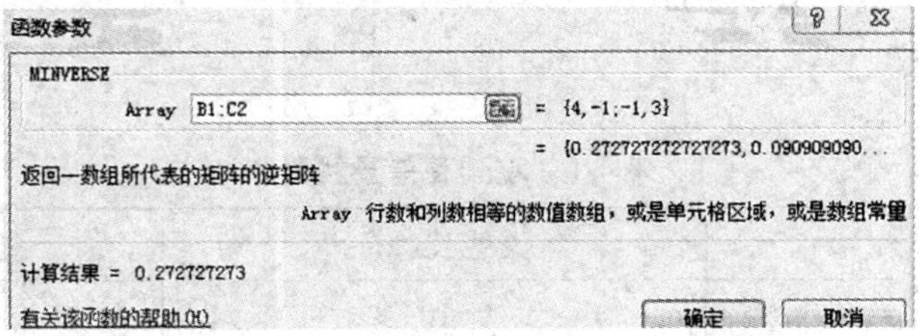

图 4-5　函数参数(二)

$N^{-1}=$

E	F
0.272727	0.090909
0.090909	0.363636

图 4-6　N 的逆阵

$$K=-N^{-1}W=-\begin{pmatrix}0.272\,727 & 0.090\,909\\0.090\,909 & 0.363\,636\end{pmatrix}\begin{pmatrix}-6\\7\end{pmatrix}=\begin{pmatrix}1\\-2\end{pmatrix}$$

用 Excel 求矩阵积的方法由于第二章讲过，这里不再讲述。

由此求得改正数 V 和高差最或然值为

$$V=P^{-1}B^{\mathrm{T}}K=\begin{pmatrix}2\\3\\-2\\-1\\2\end{pmatrix},\hat{h}=\begin{pmatrix}2.44\\16.17\\50.54\\18.61\\34.37\end{pmatrix}$$

上式中 V 以 cm 为单位，$\hat{h}$ 以 m 为单位。

第二节　精度估计

一、$V^{\mathrm{T}}PV$ 计算

与参数平差一样，$V^{\mathrm{T}}PV$ 除在求出 V 后直接计算外，还可导出如下计算公式。由式(4-15)、式(4-16)得

$$V^{\mathrm{T}}PV = V^{\mathrm{T}}PP^{-1}B^{\mathrm{T}}K = (BV)^{\mathrm{T}}K = -W^{\mathrm{T}}K \tag{4-22}$$

并由式(4-19)得

$$V^{\mathrm{T}}PV = W^{\mathrm{T}}N^{-1}W \tag{4-23}$$

二、单位权方差及单位权中误差

由于条件方程个数 r 与总观测数 n 及必需观测数 t 的关系为

$$r = n - t \tag{4-24}$$

由第二章中已经学过的单位权中误差的计算式，即

$$u = \pm\sqrt{\frac{[pvv]}{n-t}} = \pm\sqrt{\frac{V^TPV}{n-t}} \tag{4-25}$$

观测值随机独立时

$$\mu = \pm\sqrt{\frac{[pvv]}{r}} \tag{4-26}$$

三、平差值和平差值函数的权倒数及中误差

设有平差值的函数

$$z = f(\hat{L}_1, \hat{L}_2, \cdots, \hat{L}_n)$$

对上式求全微分，并按测量上的习惯以 V_i 表示微分量，得到函数 Z 的全微分式

$$v_z = f_1v_1 + f_2v_2 + \cdots + f_nv_n \tag{4-27}$$

式中，$f_i = \left.\frac{\partial Z}{\partial \hat{L}_i}\right|_{\hat{L}_i = L_i}$。

记

$$F = \begin{pmatrix} \frac{\partial f}{\partial \hat{L}_1} \\ \frac{\partial f}{\partial \hat{L}_2} \\ \vdots \\ \frac{\partial f}{\partial \hat{L}_n} \end{pmatrix}_{\hat{L}=L} = \begin{pmatrix} f_1 \\ f_2 \\ \vdots \\ f_n \end{pmatrix}$$

则函数 Z 的权倒数为

$$\begin{aligned} \frac{1}{p_Z} &= F^{\mathrm{T}}Q_{\hat{L}}F \\ &= F^{\mathrm{T}}P^{-1}F - F^{\mathrm{T}}P^{-1}B^{\mathrm{T}}N^{-1}BP^{-1}F \\ &= F^{\mathrm{T}}P^{-1}F - H^{\mathrm{T}}N^{-1}H \end{aligned} \tag{4-28}$$

其中，$Q_{\hat{L}} = P^{-1} - P^{-1}B^{\mathrm{T}}N^{-1}BP^{-1}$

$$H = BP^{-1}F \tag{4-29}$$

当观测值互为独立时为

$$H = \begin{pmatrix} a_1 & a_2 & \cdots & a_n \\ b_1 & b_2 & \cdots & b_n \\ \vdots & \vdots & & \vdots \\ r_1 & r_2 & \cdots & r_n \end{pmatrix} \begin{pmatrix} \frac{1}{p_1} & & & \\ & \frac{1}{p_2} & & \\ & & \ddots & \\ & & & \frac{1}{p_n} \end{pmatrix} \begin{pmatrix} f_1 \\ f_2 \\ \vdots \\ f_n \end{pmatrix} = \begin{pmatrix} \left[\frac{af}{p}\right] \\ \left[\frac{bf}{p}\right] \\ \vdots \\ \left[\frac{rf}{p}\right] \end{pmatrix} \tag{4-30}$$

$$F^{\mathrm{T}} P^{-1} F = \left[\frac{ff}{p}\right] \tag{4-31}$$

当函数为线性形式时,F^{T} 即为函数式中平差值的系数阵。同时说明一点,若求某一平差值的权倒数,可以将此看作是平差值函数的特例。即

$$Z = \hat{L}_i$$

有了单位权中误差及平差值和平差值函数的权倒数,即可按

$$m_z = \mu \sqrt{\frac{1}{p_z}} \tag{4-32}$$

计算平差值和平差值函数的中误差。

第三节　条件平差应用举例

设有水准网如图 4-7 所示。其中 A,B,C,D 为已知点,E,F,G 为未知点。已知点高程与各点间的观测高差及各水准路线长度如表 4-2 及表 4-3 所示。求各未知点 E,F,G 高程的最或然值,并计算各点高程的中误差及平差高差$\hat{h}_{EF}$的中误差。

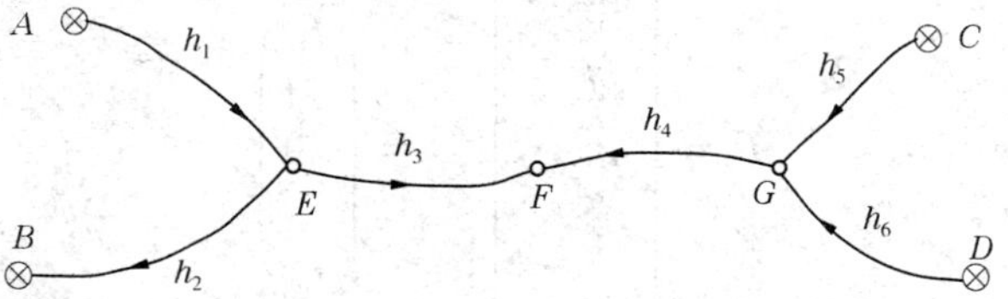

图 4-7　水准网

表 4-2　已知高程表

点号	已知高程(m)	点号	已知高程(m)
A	35.418	C	25.270
B	45.712	D	24.678

表 4-3　高差观测值及平差值

编号	距离(km)	高差观测值(m)	改正数(mm)	高差平差值(m)
1	4	8.228	2	8.230
2	4	2.060	4	2.064
3	2	1.515	-1	1.514
4	4	7.477	2	7.479
5	2	12.417	-4	12.413
6	2	13.000	5	13.005

步骤一:条件方程个数的确定。

条件数 $r=n-t=6-3=3$,即得 3 个条件方程。

步骤二:条件方程的列立。

在列立条件方程时,必须列立足数而又彼此线性无关的条件方程。为此,在水准网中首先在闭合环中找出条件方程;其次在附合水准路线中找出其他的条件方程。不管是在闭合环中还是在附合路线中为了计算方便要找包含观测值少的路线。在本例中是以从 A 至 B,从 C 到 D 及从 A 到 D 这三条水准路线列立了条件方程。平差值条件方程如下

$$\hat{h}_1+\hat{h}_2-H_A-H_B=0$$

$$\hat{h}_5-\hat{h}_6+H_C-H_D=0$$

$$\hat{h}_1+\hat{h}_3-\hat{h}-\hat{h}_6+H_A-H_D=0$$

以 $\hat{h}_i=h_i+v_i$ 代入上式写成矩阵形式得改正数条件方程(闭合差以 mm 为单位),如下:

$$\begin{pmatrix}1&1&0&0&0&0\\0&0&0&0&1&-1\\1&0&1&-1&0&-1\end{pmatrix}\begin{pmatrix}v_1\\v_2\\v_3\\v_4\\v_5\\v_6\end{pmatrix}+\begin{pmatrix}-6\\9\\6\end{pmatrix}=0$$

取权为 $p_i=\dfrac{4}{S_i}$,权倒数为 $\dfrac{1}{p_i}=\dfrac{S_i}{4}$,则得条件方程及相应的权逆阵为

$$P^{-1}=\begin{pmatrix}1&&&&&\\&1&&&&\\&&\frac{1}{2}&&&\\&&&1&&\\&&&&\frac{1}{2}&\\&&&&&\frac{1}{2}\end{pmatrix}$$

其中：$B=\begin{pmatrix}1&1&0&0&0&0\\0&0&0&0&1&-1\\1&0&1&-1&0&-1\end{pmatrix}, W=\begin{pmatrix}-6\\9\\6\end{pmatrix}$

平差值函数式为

$$\hat{h}_{EF}=\hat{h}_3, H_E=H_A+\hat{h}_1, H_F=H_A+\hat{h}_1+\hat{h}_3, H_G=H_C+\hat{h}_5$$

步骤三：法方程组成及解算。

$$N=BP^{-1}B^{\mathrm{T}}=\begin{pmatrix}1&1&0&0&0&0\\0&0&0&0&1&-1\\1&0&1&-1&0&-1\end{pmatrix}\begin{pmatrix}1&&&&&\\&1&&&&\\&&\frac{1}{2}&&&\\&&&1&&\\&&&&\frac{1}{2}&\\&&&&&\frac{1}{2}\end{pmatrix}\begin{pmatrix}1&0&1\\1&0&0\\0&0&1\\0&0&-1\\0&1&0\\0&-1&-1\end{pmatrix}$$

$$=\begin{pmatrix}2&0&1\\0&1&\frac{1}{2}\\1&\frac{1}{2}&3\end{pmatrix}$$

$$N^{-1}=\begin{pmatrix}2&0&1\\0&1&\frac{1}{2}\\1&\frac{1}{2}&3\end{pmatrix}^{-1}=\frac{1}{18}\begin{pmatrix}11&2&-4\\2&20&-4\\-4&-4&8\end{pmatrix}$$

$$K=-\frac{1}{18}\begin{pmatrix}11&2&-4\\2&20&-4\\-4&-4&8\end{pmatrix}\begin{pmatrix}-6\\9\\6\end{pmatrix}=\begin{pmatrix}4\\-8\\-2\end{pmatrix}$$

$$V=P^{-1}B^{\mathrm{T}}K=\begin{pmatrix}1&&&&&\\&1&&&&\\&&\frac{1}{2}&&&\\&&&1&&\\&&&&\frac{1}{2}&\\&&&&&\frac{1}{2}\end{pmatrix}\begin{pmatrix}1&0&1\\1&0&0\\0&0&1\\0&0&-1\\0&1&0\\0&-1&-1\end{pmatrix}\begin{pmatrix}4\\-8\\-2\end{pmatrix}=\begin{pmatrix}2\\4\\-1\\2\\-4\\5\end{pmatrix}$$

步骤四：求平差值，将求出的改正数代入 $\hat{h}_i=h_i+V_i$ 即得高差平差值。

平差结果列于表 4-4 中。

表 4-4　已知数值及平差结果

已知点	高程（m）	高差编号	距离（km）	观测高差（m）	V（mm）	高差平差值（m）	待求点	高程平差值（m）
A	35.418	1	4	8.228	2	8.230	*E*	43.648
B	45.712	2	4	2.060	4	2.064	*F*	45.163
C	25.270	3	2	1.515	-1	1.514	*G*	37.683
D	24.678	4	4	7.477	2	7.479		
		5	2	12.417	-4	12.413		
		6	2	13.000	5	13.005		

步骤五:精度评定。

$$[pvv] = -W^{\mathrm{T}}K = -(-6 \quad 9 \quad 6)\begin{pmatrix} 4 \\ -8 \\ -2 \end{pmatrix} = 108$$

$$\mu = \pm\sqrt{\frac{108}{3}} = \pm 6.0(\mathrm{mm})$$

$$\frac{1}{p_{\hat{h}_3}} = \frac{1}{2} - \left(0 \quad 0 \quad \frac{1}{2}\right)N^{-1}\left(1 \quad 0 \quad \frac{1}{2}\right)^{\mathrm{T}} = \frac{7}{18}$$

$$\frac{1}{p_E} = 1 - (0 \quad 0 \quad 1)N^{-1}(1 \quad 0 \quad 1)^{\mathrm{T}} = \frac{7}{18}$$

$$\frac{1}{p_F} = \frac{3}{2} - \left(1 \quad 0 \quad \frac{3}{2}\right)N^{-1}\left(1 \quad 0 \quad \frac{3}{2}\right)^{\mathrm{T}} = \frac{5}{9}$$

$$\frac{1}{p_G} = \frac{1}{2} - \left(0 \quad \frac{1}{2} \quad 0\right)N^{-1}\left(0 \quad \frac{1}{2} \quad 0\right)^{\mathrm{T}} = \frac{2}{9}$$

$$m_{\hat{h}_3} = \mu\sqrt{\frac{1}{p_{\hat{h}_3}}} = \pm 6.0\sqrt{\frac{7}{18}} = \pm 3.7(\mathrm{mm})$$

$$m_E = \mu\sqrt{\frac{1}{p_E}} = \pm 6.0\sqrt{\frac{7}{18}} = \pm 3.7(\mathrm{mm})$$

$$m_F = \mu\sqrt{\frac{1}{p_F}} = \pm 6.0\sqrt{\frac{5}{9}} = \pm 4.5(\mathrm{mm})$$

$$m_G = \mu\sqrt{\frac{1}{p_G}} = \pm 6.0\sqrt{\frac{2}{9}} = \pm 2.8(\mathrm{mm})$$

由于目前平差软件的底层主要采用参数平差,所以此例就不再采用平差软件进行讲解。

习　题

1. 设某一平差问题的观测个数为 n,必要观测数为 t,若按条件平差法进行平差,其条件方程、法方程及改正数方程的个数各为多少?

2. 试用符号写出按条件平差法平差时,单一附合水准路线中(见图 4-8 所示)各观测值平差值的表达式。

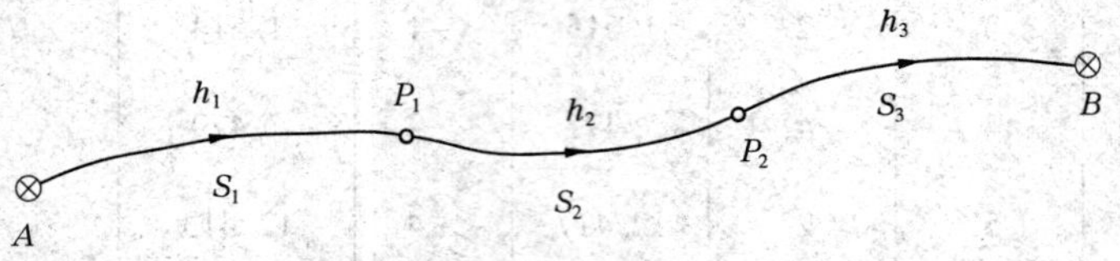

图 4-8　单一附合水准路线(一)

3. 在图 4-9 中,已知 A、B 的高程为 $H_A = 12.123$ m,$H_B = 11.123$ m,观测高差和线路长度为:$S_1 = 2$ km,$S_2 = 1$ km,$S_3 = 0.5$ km,$h_1 = -2.003$ m,$h_2 = 1.500$ m,$h_3 = -0.501$ m,求改正数条件方程和各段高差的平差值。

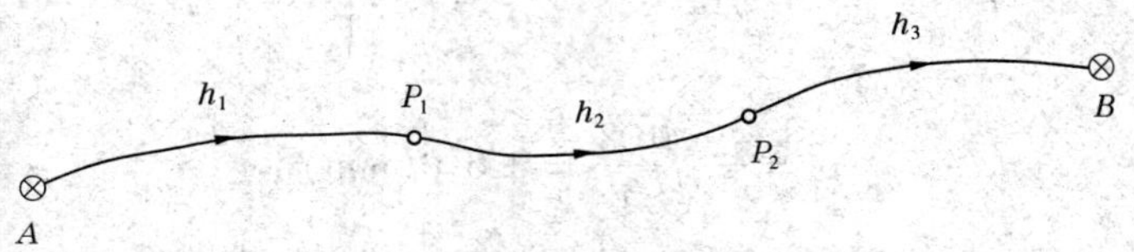

图 4-9　单一附合水准路线(二)

4. 在图 4-10 的水准网中,A 为已知点,B,C,D 为待定点,已知点的高程为 $H_A = 10.000$ m,观测了 5 条路线的高差:$h_1 = 1.628$ m,$h_2 = 0.821$ m,$h_3 = 0.715$ m,$h_4 = 1.502$ m,$h_5 = -2.331$ m,各观测路线长度相等,试求:

(1)改正数条件方程;

(2)各段高差改正数及平差值。

5. 在水准网(见图 4-11)中,观测高差及路线长度见表 4-5。已知点 A、B 的高程为:$H_A = 50.000$ m,$H_B = 40.000$ m。

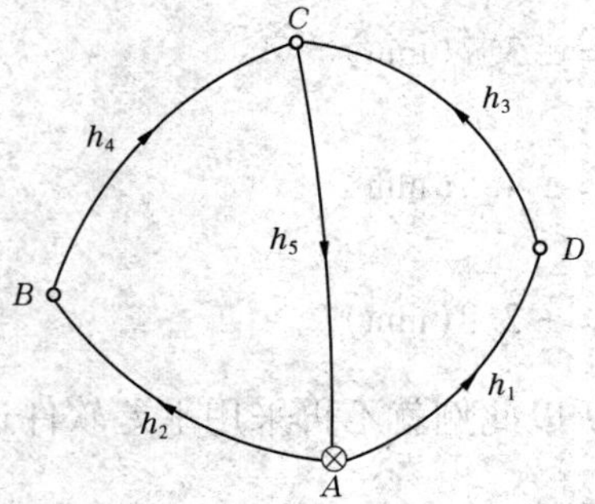

图 4-10　水准网(一)

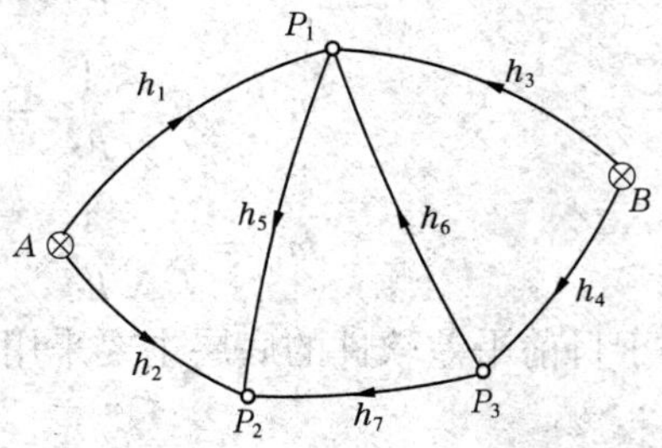

图 4-11　水准网(二)

表 4-5　观测值(一)

序号	观测高差(m)	路线长(km)
h_1	10.356	1.0
h_2	15.000	1.0
h_3	20.360	2.0
h_4	14.501	2.0
h_5	4.651	1.0
h_6	5.856	1.0
h_7	10.500	2.0

试用条件平差法求:

(1)各高差的平差值;

(2)平差后 P_1 到 P_2 点间高差的中误差。

6. 水准网(见图 4-12)的观测高差及水准路线长度见表 4-6。

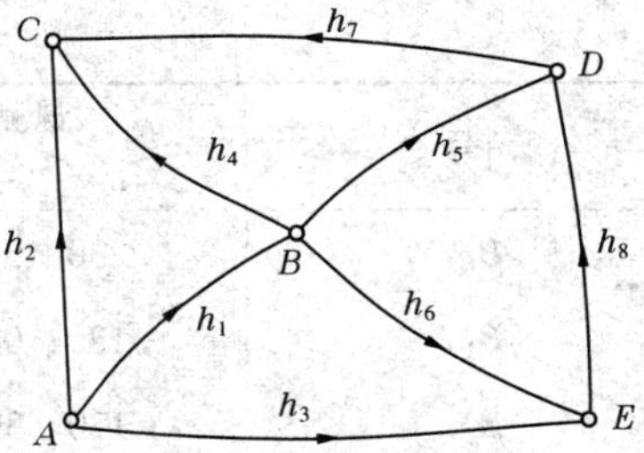

图 4-12　水准网(三)

试按条件平差法求:

(1)各高差的平差值;

(2)A 点到 E 点平差后高差的中误差;

(3)E 点到 C 点平差后高差的中误差。

表 4-6　观测值(二)

序号	观测高差(m)	路线长(km)
h_1	+189.404	3.1
h_2	+736.977	9.3
h_3	+376.607	59.7
h_4	+547.576	6.2
h_5	+273.528	16.1
h_6	+187.274	35.1
h_7	+274.082	12.1
h_8	+86.261	9.3

7. 在单一附合导线(见图 4-13)上观测了 4 个左角和 3 条边长,B,C 为已知点,P_1,P_2 为待定导线点,已知起算数据为:X_B = 203 020.348 m,Y_B = −59 049.801 m,X_C = 203 059.503 m,Y_C = −59 796.549 m,$\alpha_{AB} = 226°44'59''$,$\alpha_{CD} = 324°46'03''$。

观测值见表4-7。观测值的测角中误差 $\sigma_\beta=5''$，边长中误差 $\sigma_{S_i}=0.5\sqrt{S_i}$ mm（S_i 以 m 为单位）。

试按条件平差法：

(1)列出条件方程式；

(2)组成法方程；

(3)求联系数 K 及改正数 V、平差值 $\hat{L}$。

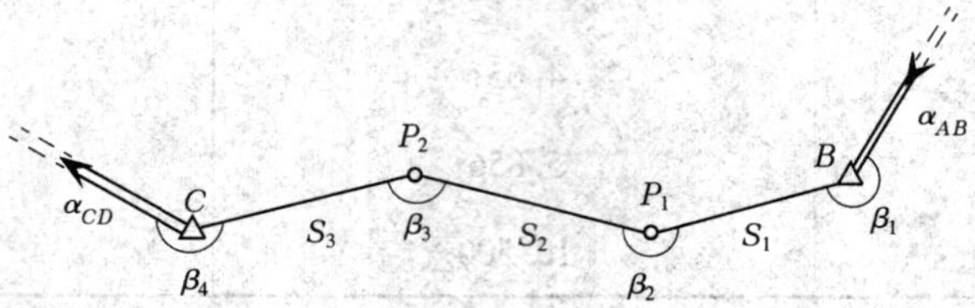

图4-13　单一附合导线

表4-7　观测值(三)

角号	观测角 (°　′　″)	边号	边长(m)
β_1	230　32　37	S_1	204.952
β_2	180　00　42	S_2	200.130
β_3	170　39　22	S_3	345.153
β_4	236　48　37		

8. 闭合导线如图4-14所示，观测4条边长和5个左转折角，已知测角中误差 $\sigma_\beta=5''$，边长中误差按 $\sigma_{S_i}=3$ mm $+2\times10^{-6}S_i$ 计算（S_i 以 km 为单位），起算数据为：$X_A=$ 2 272.045 m，$Y_A=$ 5 071.330 m；$X_B=$ 2 343.895 m，$Y_B=$ 5 140.882 m。

观测值如表4-8所示。

表4-8　观测值(四)

角号	观测角值 β (°　′　″)	边号	边长 (m)
1	92　49　43	1	805.191
2	316　43　58	2	269.486
3	205　08　16	3	272.718
4	235　44　38	4	441.596
5	229　33　06		

试按条件平差法：

(1)列出条件方程式；

(2)求改正数 V、平差值 L;

(3)求导线点 2,3,4 的坐标平差值及点位精度。

9. 有闭合导线如图 4-15 所示,观测 8 条边长和 9 个左转折角,已知测角中误差 $\sigma_\beta=\sqrt{2}''$,边长中误差按 $\sigma_{S_i}=3\ \text{mm}+2\times10^{-6}S_i$,已知起算数据为:$X_A=2\ 272.045\ \text{m}$,$Y_A=5\ 071.330\ \text{m}$;$X_B=2\ 343.895\ 1\ \text{m}$,$Y_B=5\ 140.882\ 6\ \text{m}$。

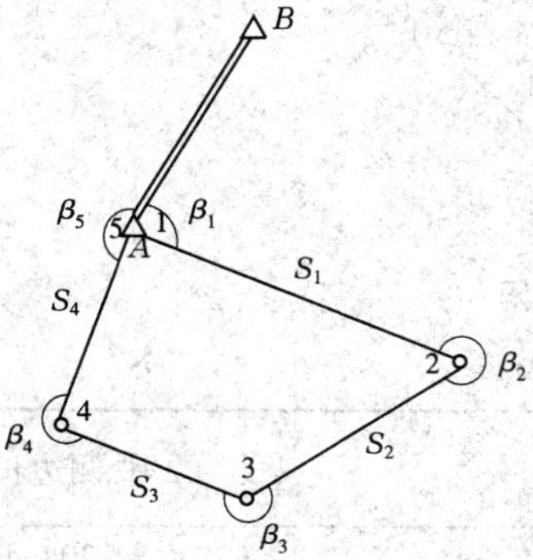

图 4-14　闭合导线(一)

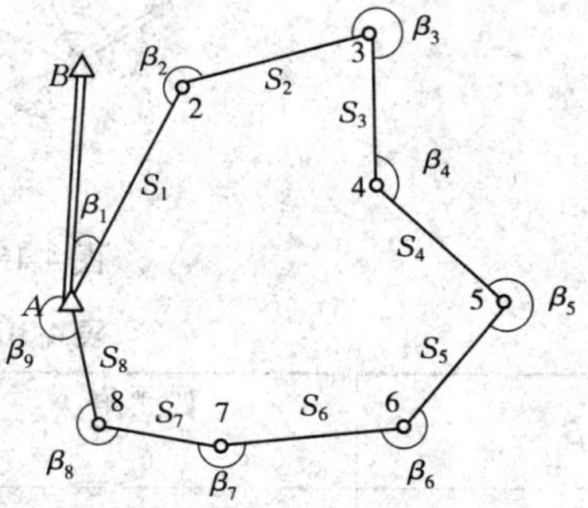

图 4-15　闭合导线(二)

观测值如表 4-9 所示。

表 4-9　观测值(五)

角号	观测角值 β (°　′　″)	边号	边长 (m)
1	26　35　54	1	250.872
2	193　25　58	2	259.454
3	269　15　24	3	355.886
4	138　32　08	4	318.658
5	287　36　28	5	258.776
6	214　07　46	6	269.484
7	205　08　28	7	272.719
8	235　44　32	8	441.598
9	229　33　09		

试按条件平差法:

(1)列出条件方程式;

(2)求改正数 V、平差值 $\hat{L}$;

(3)求各导线点的坐标平差值 $\hat{X}_i,\hat{Y}_i(i=2,3,\cdots,8)$及点位精度。

10. 有一闭合导线网如图 4-16 所示，A,B 为已知点，$P_1 \sim P_5$ 为待定导线点，已知数据见表 4-10。

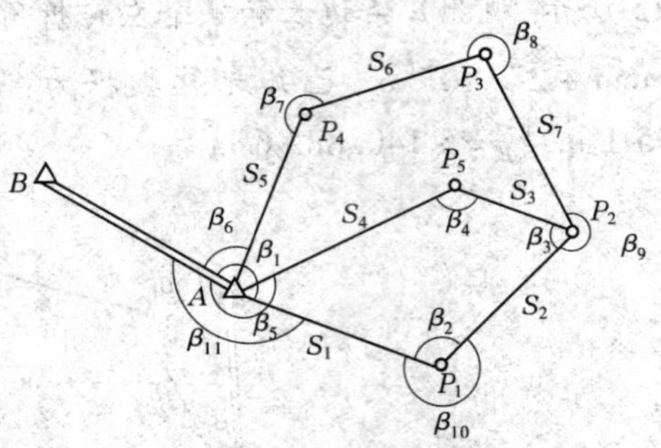

图 4-16 闭合导线网

表 4-10 观测值(六)

β_i	观测角 (° ′ ″)	S_i	观测边长(m)
1	152 33 00	1	208.421
2	110 47 48	2	252.692
3	48 48 25	3	178.188
4	147 22 50	4	217.980
5	260 28 01	5	224.689
6	58 48 18	6	192.104
7	237 22 56	7	188.105
8	249 09 40		
9	258 00 02		
10	249 12 20		
11	207 26 51		

观测角中误差 $\sigma_\beta = 4''$，边长中误差按 $\sigma_{si} = 0.5\sqrt{S_i}$ mm(S_i 以 m 为单位)。

试按条件平差法：

(1)列出条件方程式；

(2)组成法方程；

(3)求联系数 K、观测值改正数 V 及平差值 L。

11. 在图 4-17 所示的水准网中，点 A 的高程 $H_A = 10.000$ m，$P_1 \sim P_4$ 为待定点，观测高差及路线长度为：$h_1 = 1.270$ m，$S_1 = 2$；$h_2 = -3.380$ m，$S_2 = 2$；$h_3 = 2.114$ m，$S_3 = 1$；$h_4 = 1.613$ m，$S_4 = 2$；$h_5 = -3.721$ m，$S_5 = 1$；$h_6 = 2.931$ m，$S_6 = 2$；$h_7 = 0.782$ m，$S_7 = 2$。

若设 P_2 点的高程平差值为参数，试：

(1)列出条件方程式；

(2)列出法方程。

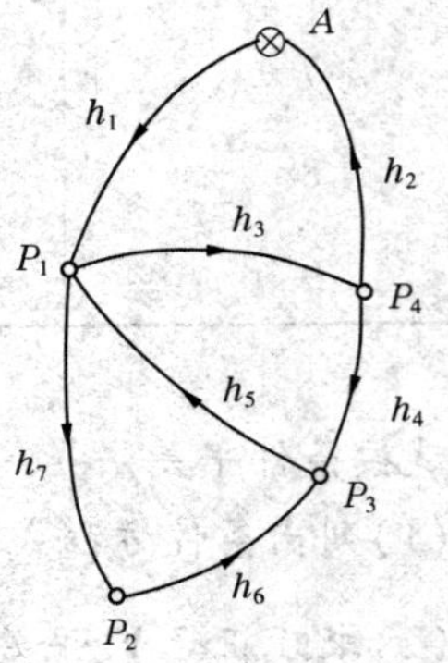

图 4-17 水准网(四)

第五章　具有约束条件的参数平差

在第三章讨论的参数平差中,参数个数为必要观测个数,在选择参数时,要求误差方程中的各参数间函数上独立,即各参数间不构成任何函数关系。若参数间不存在函数上独立,而存在着约束条件,则在第三章中导出的公式要作相应变化。参数间存在着约束条件的情况在测量中常会遇到。如图 5-1 所示的三角网中,A,B 为已知点,1,2,3,4 为未知点。在 2,3 点间观测了高精度基线边 b_{01},在 3,4 点间观测了高精度方位角 α_{01},它们在平差中是保持数值不变的,即在平差后应有:

$$\sqrt{(x_3 - x_2)^2 + (y_3 - y_2)^2} = b_{01}$$

$$\arctan \frac{y_3 - y_4}{x_3 - x_4} = \alpha_{01}$$

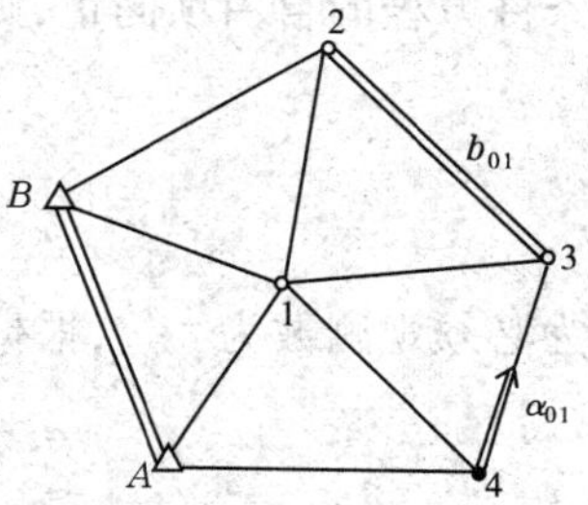

图 5-1

$x_2, y_2, x_3, y_3, x_4, y_4$ 不是自由独立的,而是满足上述两个条件。这种情况是否按照参数平差的方法去平差呢?显然是不行的,就需要将这两个条件加入到参数平差中,这就是我们将要讲到的具有约束条件的参数平差。

下面讨论这种平差方法的原理及精度估计方法。

第一节　平差原理

我们就线性方程的情况来讨论,对于非线性方程可以通过函数展开化为线性方程。设某平差问题有 n 个观测值,选定了 t 个未知数,未知数之间有 r 个约束条件,我们可列出 n 个误差方程和 r 个条件方程。

$$\left.\begin{aligned} v_1 &= a_1\delta\hat{x}_1 + b_1\delta\hat{x}_2 + \cdots + t_1\delta\hat{x}_t + l_1 \\ v_2 &= a_2\delta\hat{x}_1 + b_2\delta\hat{x}_2 + \cdots + t_2\delta\hat{x}_t + l_2 \\ &\vdots \\ v_n &= a_n\delta\hat{x}_1 + b_n\delta\hat{x}_2 + \cdots + t_n\delta\hat{x}_t + l_n \end{aligned}\right\} \tag{5-1}$$

$$l_i = a_i x_1^0 + b_i x_2^0 + \cdots + t_i x_t^0 - L_i \quad (i = 1,2,\cdots,n)$$

参数间存在着约束条件

$$\left.\begin{aligned} b_{11}\delta\hat{x}_1 + b_{12}\delta\hat{x}_2 + \cdots + b_{1t}\delta\hat{x}_t + \omega_1 &= 0 \\ b_{21}\delta\hat{x}_1 + b_{22}\delta\hat{x}_2 + \cdots + b_{2t}\delta\hat{x}_t + \omega_2 &= 0 \\ &\vdots \\ b_{r1}\delta\hat{x}_1 + b_{r2}\delta\hat{x}_2 + \cdots + b_{rt}\delta\hat{x}_t + \omega_r &= 0 \end{aligned}\right\} \tag{5-2}$$

$$\omega_i = b_{i0} + b_{i1}x_1^0 + b_{i2}x_2^0 + \cdots + b_{it}x_t^0 \quad (i = 1,2,\cdots,r) \tag{5-3}$$

设

$$\underset{n\times t}{A}=\begin{pmatrix}a_1 & b_1 & \cdots & t_1\\ a_2 & b_2 & \cdots & t_2\\ \vdots & \vdots & & \vdots\\ a_n & b_n & \cdots & t_n\end{pmatrix},\underset{r\times t}{B_X}=\begin{pmatrix}b_{11} & b_{12} & \cdots & b_{1t}\\ b_{21} & b_{22} & \cdots & b_{2t}\\ \vdots & \vdots & & \vdots\\ b_{r1} & b_{r2} & \cdots & b_{rt}\end{pmatrix}$$

$$V=\begin{pmatrix}v_1\\ v_2\\ \vdots\\ v_n\end{pmatrix},\delta\hat{X}=\begin{pmatrix}\delta\hat{x}_1\\ \delta\hat{x}_2\\ \vdots\\ \delta\hat{x}_t\end{pmatrix},l=\begin{pmatrix}l_1\\ l_2\\ \vdots\\ l_n\end{pmatrix},W=\begin{pmatrix}\omega_1\\ \omega_2\\ \vdots\\ \omega_r\end{pmatrix}$$

$\underset{n\times 1}{V},\underset{t\times 1}{\delta\hat{X}},\underset{n\times 1}{l},\underset{r\times 1}{W}$ 分别表示观测值改正数向量、参数改正数向量、误差方程自由项向量和约束条件方程的自由项向量，则式(5-1)、式(5-2)可表示为

$$\underset{n\times 1}{V}=\underset{n\times t}{A}\underset{t\times 1}{\delta\hat{X}}+\underset{n\times 1}{l} \tag{5-4}$$

$$\underset{r\times t}{B_X}\underset{t\times 1}{\delta\hat{X}}+\underset{r\times 1}{W}=0 \tag{5-5}$$

因为必须观测数为 $t-r$，根据最小二乘平差的一般要求首先组成函数

$$\Phi=V^{\mathrm{T}}PV+2K^{\mathrm{T}}(B_X\delta\hat{X}+W)$$

求函数的极值点，对$\delta\hat{X}$求导，并令其为零

$$\frac{\mathrm{d}\Phi}{\mathrm{d}(\delta\hat{X})}=2V^{\mathrm{T}}PA+2K^{\mathrm{T}}B_X=0$$

$$A^{\mathrm{T}}PV+B_X^{\mathrm{T}}K=0 \tag{5-6}$$

$$A^{\mathrm{T}}P(A\delta\hat{X}+l)+B_X^{\mathrm{T}}K=0$$

与约束条件联立，则得法方程

$$\left.\begin{aligned}N\delta\hat{X}+B_X^{\mathrm{T}}K+U=0\\ B_X\delta\hat{X}+W=0\end{aligned}\right\} \tag{5-7}$$

其中

$$N=A^{\mathrm{T}}PA,U=A^{\mathrm{T}}Pl$$

则式(5-7)可写为

$$\begin{pmatrix}N & B_X^{\mathrm{T}}\\ B_X & 0\end{pmatrix}\begin{pmatrix}\delta\hat{X}\\ K\end{pmatrix}+\begin{pmatrix}U\\ W\end{pmatrix}=0 \tag{5-8}$$

解此方程组，可求得解向量 $\delta\hat{X}$及 K。

令

$$\begin{pmatrix}N & B_X^{\mathrm{T}}\\ B_X & 0\end{pmatrix}^{-1}=\begin{pmatrix}Q_{11} & Q_{12}\\ Q_{21} & Q_{22}\end{pmatrix}$$

其中$\begin{pmatrix}N & B_X^{\mathrm{T}}\\ B_X & 0\end{pmatrix}^{-1}$可利用前面讲过的 Excel 表来完成计算，则有

$$\begin{pmatrix} \delta\hat{X} \\ \\ K \end{pmatrix} = -\begin{pmatrix} N & B_{X^T} \\ B_X & 0 \end{pmatrix}^{-1} \begin{pmatrix} U \\ \\ W \end{pmatrix} \tag{5-9}$$

利用 Execl 进行矩阵相乘(MMULT)即可求得 $\delta\hat{X}$,K。

第二节　精度估计

一、单位权中误差和 V^TPV 的计算

单位权中误差为

$$\mu = \pm\sqrt{\frac{V^TPV}{n-(t-r)}} \tag{5-10}$$

V^TPV 的计算,除直接计算外,可有

$$\begin{aligned} V^TPV &= V^TP(A\delta\hat{X}+l) \\ &= V^TPA\delta\hat{X} + V^TPl \\ &= -K^TB_X\delta\hat{X} + V^TPl \\ &= K^TW + \delta\hat{X}^TA^TPl + l^TPl \\ &= l^TPl + U^T\delta\hat{X} + W^TK \\ &= l^TPl + (U^T \quad W^T)\begin{pmatrix} \delta\hat{X} \\ K \end{pmatrix} \\ &= l^TPl - (U^T \quad W^T)\begin{pmatrix} N & B_X^T \\ B_X & 0 \end{pmatrix}\begin{pmatrix} U \\ \\ W \end{pmatrix} \end{aligned} \tag{5-11}$$

式(5-11)可作为检核公式。

二、未知参数函数的权逆阵

在这里,我们不再推导,直接写出它们的协因数及互协因数

$$Q_{\delta X} = Q_{11};Q_K = -Q_{22};Q\delta_XK = 0;Q_{\hat{L}} = AQ_{11}A^T \tag{5-12}$$

设有参数的线性函数

$$Z = F^T\hat{X} = F^T\delta\hat{X} + F^TX_0$$

故

$$Q_Z = F^TQ_{\delta\hat{X}}F = F^TQ_{11}F \tag{5-13}$$

如欲在法方程解算过程中,用附加自由项方法求权逆阵,式(5-13)可变为

$$Q_Z = (F^{\mathrm{T}} \quad 0)\begin{pmatrix} Q_{11} & Q_{12} \\ Q_{21} & Q_{22} \end{pmatrix}\begin{pmatrix} F \\ 0 \end{pmatrix}$$

$$= (F^{\mathrm{T}} \quad 0)\begin{pmatrix} N & B_X^{\mathrm{T}} \\ B_X & 0 \end{pmatrix}^{-1}\begin{pmatrix} F \\ 0 \end{pmatrix} \tag{5-14}$$

即将法方程由自由项换成$\begin{pmatrix} F \\ 0 \end{pmatrix}$,求得解向量再与$(F^{\mathrm{T}} \quad 0)$相乘即得 Q_Z。

第三节　具有约束条件的参数平差的算例

如图 5-2 所示,等精度观测了三个角,观测向量为

$$\begin{pmatrix} L_1 \\ L_2 \\ L_3 \end{pmatrix} = \begin{pmatrix} 30°45'20'' \\ 47°12'54'' \\ 77°58'20'' \end{pmatrix}$$

固定角:$\angle AOB = 77°58'24''$,用具有约束条件的参数平差法平差。

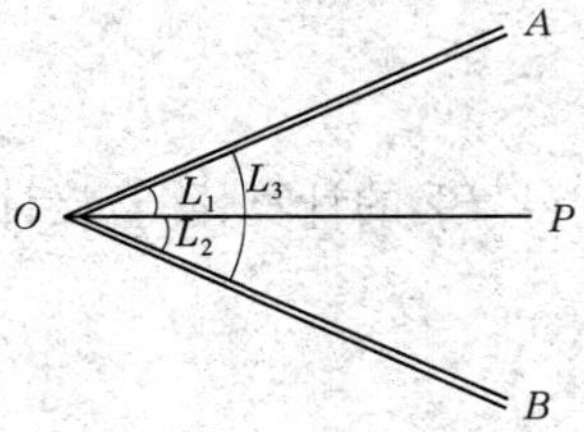

图 5-2　测站平差

解析:独立参数应只有一个,若选两个参数,则产生一个条件,取参数 $\hat{x}_1, \hat{x}_2$ 为

$$\hat{x}_1 = \angle AOP, \hat{x}_2 = \angle POB$$

并取相应的观测值为近似值,则误差方程及约束方程为

$$\begin{pmatrix} v_1 \\ v_2 \\ v_3 \end{pmatrix} = \begin{pmatrix} 1 & 0 \\ 0 & 1 \\ 1 & 1 \end{pmatrix}\begin{pmatrix} \delta\hat{x}_1 \\ \delta\hat{x}_2 \end{pmatrix} + \begin{pmatrix} 0 \\ 0 \\ -6 \end{pmatrix}$$

$$(1 \quad 1)\begin{pmatrix} \delta\hat{x}_1 \\ \delta\hat{x}_2 \end{pmatrix} - 10 = 0$$

方程中自由项的单位为秒。法方程为

$$\begin{pmatrix} 2 & 1 & 1 \\ 1 & 2 & 1 \\ 1 & 1 & 0 \end{pmatrix}\begin{pmatrix} \delta\hat{X}_1 \\ \delta\hat{X}_2 \\ k \end{pmatrix} + \begin{pmatrix} -6 \\ -6 \\ -10 \end{pmatrix} = 0$$

其中　$N = \begin{pmatrix} 2 & 1 \\ 1 & 2 \end{pmatrix}, U = \begin{pmatrix} -6 \\ -6 \end{pmatrix}, B_x = (1 \quad 1), W = -10$

$$\begin{pmatrix}\delta\hat{x}_1\\ \delta\hat{x}_2\\ k\end{pmatrix}=-\frac{1}{2}\begin{pmatrix}1 & -1 & 1\\ -1 & 1 & 1\\ 1 & 1 & -3\end{pmatrix}\begin{pmatrix}-6\\ -6\\ -10\end{pmatrix}=\begin{pmatrix}5\\ 5\\ -9\end{pmatrix}$$

由式(5-12)可求 $Q_{\delta X}$,K 权逆阵

$$Q_{\delta\hat{X}} = Q_{11} = \frac{1}{2}\begin{pmatrix}1 & -1\\ -1 & 1\end{pmatrix}$$

$$Q_K = -Q_{22} = \frac{3}{2}$$

$$Q_{\hat{L}} = AQ_{11}A^{\mathrm{T}} = \frac{1}{2}\begin{pmatrix}1 & 0\\ 0 & 1\\ 1 & 1\end{pmatrix}\begin{pmatrix}1 & -1\\ -1 & 1\end{pmatrix}\begin{pmatrix}1 & 0 & 1\\ 0 & 1 & 1\end{pmatrix}=\frac{1}{2}\begin{pmatrix}1 & -1 & 0\\ -1 & 1 & 0\\ 0 & 0 & 0\end{pmatrix}$$

$$Q_V = Q - Q_L = \begin{pmatrix}1 & & \\ & 1 & \\ & & 1\end{pmatrix}-\frac{1}{2}\begin{pmatrix}1 & -1 & 0\\ -1 & 1 & 0\\ 0 & 0 & 0\end{pmatrix}=\frac{1}{2}\begin{pmatrix}1 & 1 & 0\\ 1 & 1 & 0\\ 0 & 0 & 2\end{pmatrix}$$

如果用一般的参数平差法,选取一个参数,其结果与此相同。

习　题

1. 有水准网如图 5-3 所示,A,B 为已知点,其高程 $H_A = 13.140$ m,$H_B = 10.210$ m,P_1,P_2 点为待定点,同精度观测高差值为:$h_1 = 2.513$ m,$h_2 = 0.425$ m,$h_3 = 2.271$ m,$h_4 = 2.690$ m。

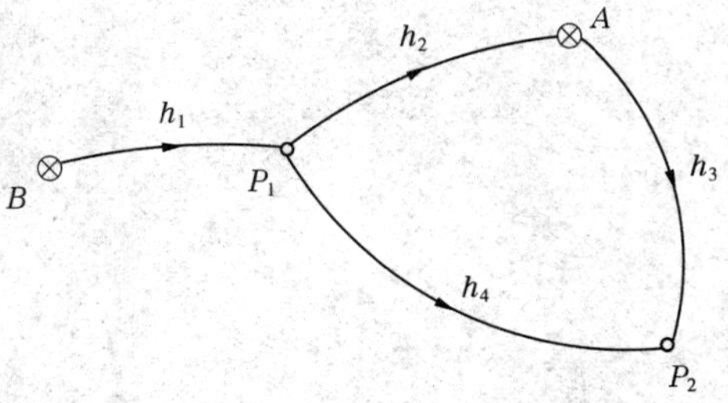

图 5-3　水准网

若选 P_1,P_2 点高程平差值及 h_1 的平差值为未知参数,试:

(1)列出误差方程和限制条件;

(2)列出法方程;

(3)求参数的平差值及其权倒数;

(4)求高差平差值h_1的中误差;

(5)求各高差平差值。

2. 在图 5-4 所示的测角网中,其坐标为:$X_A = 655.409$ m,$Y_A = 252.080$ m;$X_B = 866.148$ m,$Y_B = 478.952$ m。

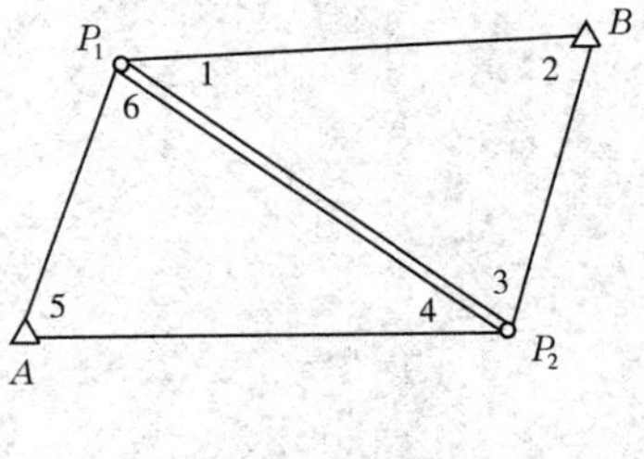

图 5-4　测角网

同精度观测了 6 个角度,其值见表 5-1。

表 5-1　观测值

编号	观测值 (° ′ ″)	编号	观测值 (° ′ ″)
1	41 46 32.1	4	43 54 04.1
2	90 12 35.2	5	76 32 52.5
3	48 00 52.9	6	59 32 56.4

已知待定点 P_1,P_2 之间的边长 $S_{P_1P_2}=274.874$ m,已算得 P_1,P_2 点的近似坐标为:$X_{P1}^0=850.01$ m,$Y_{P1}^0=275.27$ m;$X_{P2}^0=683.63$ m,$Y_{P2}^0=494.08$ m。

设 P_1,P_2 点坐标为未知参数,$\hat{X}=(\hat{X}_1,\hat{Y}_1,\hat{X}_2,\hat{Y}_2)^{\mathrm{T}}$,试:

(1)列出误差方程和限制条件;

(2)列出法方程并计算待定点坐标平差值;

(3)计算 P_1,P_2 点的点位中误差;

(4)计算观测值平差值 $\hat{L}$。

参考文献

[1] 武汉大学测绘学院测量平差学科组.误差理论与测量平差基础[M].武汉:武汉大学出版社,2003.
[2] 高士纯.测量平差基础通用习题集[M].武汉:武汉测绘科技大学出版社,1999.
[3] 喻国荣.论测量平差中的权和权阵[J].测绘通报,2007(7).
[4] 陶本藻.广义逆矩阵与测量平差[J].测绘工程,2000(4).
[5] 黄维彬.测量平差的当代进展——近代测量平差[J].测绘通报,1994(2).
[6] 魏峰远,王菊珍.测量平差中若干理论问题探讨[J].焦作矿业学院学报,1993(2).
[7] 中国人民解放军测绘学院大地测量教研室.最小二乘法与测量平差[M].北京:解放军出版社,1996.
[8] 黄加纳.测量平差基础[M].武汉:武汉大学出版社,2002.
[9] 游祖吉,樊功瑜.测量平差教程[M].北京:测绘出版社,1991.
[10] 同济大学数学教研室.概率论[M].北京:高等教育出版社,1983.
[11] 武汉大学数学系.线性代数[M].北京:人民教育出版社,1980.